Shatirah Akib
James Foster

Desenvolvimento da arquitetura anfíbia no Reino Unido

Shatirah Akib
James Foster

Desenvolvimento da arquitetura anfíbia no Reino Unido

ScienciaScripts

Imprint

Any brand names and product names mentioned in this book are subject to trademark, brand or patent protection and are trademarks or registered trademarks of their respective holders. The use of brand names, product names, common names, trade names, product descriptions etc. even without a particular marking in this work is in no way to be construed to mean that such names may be regarded as unrestricted in respect of trademark and brand protection legislation and could thus be used by anyone.

Cover image: www.ingimage.com

This book is a translation from the original published under ISBN 978-613-8-50256-2.

Publisher:
Sciencia Scripts
is a trademark of
Dodo Books Indian Ocean Ltd. and OmniScriptum S.R.L publishing group

120 High Road, East Finchley, London, N2 9ED, United Kingdom
Str. Armeneasca 28/1, office 1, Chisinau MD-2012, Republic of Moldova, Europe
Printed at: see last page
ISBN: 978-620-8-17758-4

Resumo

A história recente de inundações no Reino Unido só poderá aumentar em frequência e gravidade devido a factores como as alterações climáticas e a urbanização.

A arquitetura anfíbia é uma solução de atenuação das inundações que se adapta às alterações climáticas. Poderá ser utilizada para ajudar a reduzir o risco a que as propriedades do Reino Unido estão vulneráveis devido ao impacto das inundações.

Com a publicação da nova política governamental que sublinha a necessidade de proteger a cintura verde e as terras agrícolas, o desenvolvimento futuro necessário para satisfazer a população em crescimento está limitado às zonas de risco de inundação.
É nas zonas de risco de inundação que a arquitetura anfíbia se desenvolverá no Reino Unido, uma vez que as construções convencionais não são adequadas nem seguráveis para o efeito.

York e Carlisle são apontados como dois exemplos de locais onde a arquitetura anfíbia pode ser utilizada, salientando que as planícies de inundação de baixo nível como estas dão à tecnologia um lugar para se desenvolver, para que no futuro possa ser utilizada numa escala muito maior.

Conteúdo

Capítulo 1

Introdução

À medida que o aquecimento global e as alterações climáticas se tornam uma preocupação crescente em todo o mundo, prevê-se que a precipitação seja mais frequente e intensa. Com isto, surge a consequência da subida do nível do mar e do nível dos rios e, consequentemente, a ameaça de mais inundações com maior impacto.

Paralelamente, existe o problema interligado da urbanização aparentemente exponencial, que está a diminuir o volume de armazenamento de água no solo e a aumentar a quantidade de escoamento superficial.

Como resultado, as estratégias de defesa contra as inundações do passado estão a tornar-se obsoletas. English et. al (2016) afirmam que estas estratégias passadas, que tentam controlar o fluxo de água, apenas aumentam a probabilidade de consequências a longo prazo.

A arquitetura anfíbia apresenta-se como uma solução não defensiva para a atenuação das inundações e das alterações climáticas, permitindo que a água siga o seu curso natural e trabalhe em sincronia com as inundações. Com o projeto de engenharia, os edifícios têm a capacidade de se elevar para a segurança a várias alturas, juntamente com o nível da inundação, abordando a questão da subida do nível do mar e da subsidência do terreno.

A maioria das áreas construídas do Reino Unido situa-se junto à costa e aos rios. Isto deve-se ao facto de estas zonas terem sido historicamente nós para a indústria, ligações de transporte e produção alimentar. Consequentemente, são estas zonas que correm um risco crescente de inundações.

O objetivo deste documento é analisar a arquitetura anfíbia e avaliar a sua adequação, não só como estratégia de mitigação das inundações, mas também como solução habitacional a utilizar no Reino Unido.

Para chegar a uma conclusão, o documento abordará três investigações:
- O que é a arquitetura anfíbia?
- Por que razão é necessária uma arquitetura anfíbia no Reino Unido?
- Como e onde podem ser implementados no Reino Unido?

Os objectivos da investigação são os seguintes:

- Identificar as diferenças entre os estudos anteriores e os progressos realizados ao longo do tempo, estabelecendo assim uma base sobre a qual se pode basear a investigação atual sobre a arquitetura anfíbia
- Para recolher mais informações sobre o projeto de investigação em curso sobre arquitetura anfíbia
- Avaliar o quadro teórico pertinente para a investigação atual

projeto de arquitetura anfíbia

A secção de análise da literatura do documento analisará uma série de recursos utilizados para responder às três questões de investigação.

O que é a arquitetura anfíbia?
Para responder a esta questão de investigação, o documento analisará as utilizações existentes da arquitetura anfíbia, recorrendo a estudos de casos em que a arquitetura anfíbia foi utilizada, salientando os seus benefícios, as suas principais caraterísticas e o seu funcionamento. Isto permitirá estabelecer comparações e destacar potenciais áreas de melhoria.

Por que razão é necessária uma arquitetura anfíbia no Reino Unido?
O documento analisará as razões pelas quais existe potencial e oportunidade para o desenvolvimento da arquitetura anfíbia no Reino Unido.

As razões pelas quais o Reino Unido necessita da tecnologia serão identificadas através da análise de dados e documentação publicados pelo Governo do Reino Unido sob a forma de políticas e relatórios.
Paralelamente, ao analisar as inundações ocorridas no passado, uma avaliação do impacto da população, das alterações climáticas e dos custos económicos dos danos causados pelas inundações evidenciará a necessidade desta solução para a habitação e as inundações.

Ao analisar a utilização competitiva do solo entre a agricultura e o desenvolvimento, o estudo abordará igualmente as implicações que o Brexit poderá ter, favorecendo o desenvolvimento da arquitetura anfíbia,

A secção de metodologia do documento explicará o processo de conclusão da investigação deste projeto em relação a cada uma das três questões de investigação.

A secção de resultados e discussão abordará a questão de investigação "Como e onde pode ser implementada a arquitetura anfíbia no Reino Unido?

Em relação à literatura que foi revista, o documento analisará em que locais do Reino Unido a arquitetura anfíbia seria provavelmente utilizada e as funções prováveis para as quais poderia ser utilizada. Para o efeito, identificará diferentes locais sujeitos a inundações repetidas, as suas fontes e tendências de inundação.

As secções incluem mapas que ajudam a ilustrar a razão pela qual esses locais foram selecionados.

Os resultados e a discussão também sugerem potenciais inovações e a necessidade de investigação futura que poderá ajudar a arquitetura anfíbia a tornar-se ainda mais eficaz como solução de mitigação de cheias e de habitação.

O documento terminará com a conclusão, que apresentará um resumo do que foi aprendido ao longo do trabalho de investigação, indicando o que é a arquitetura anfíbia, por que razão o Reino Unido necessita da arquitetura anfíbia e onde esta poderá ser utilizada no futuro.

Capítulo 2

Revisão da literatura:

O que é a arquitetura anfíbia?

A definição de "anfíbio" é a capacidade de viver tanto em terra como na água (Collinsdictionary.com, 2018). É exatamente isso que a arquitetura anfíbia é - edifícios capazes de se sentar em terra firme e, sempre que há uma inundação, o edifício é capaz de subir, juntamente com a superfície da água, para a segurança (Figuras 1 e 2).

> *"Um edifício anfíbio assenta firmemente no solo, mas quando ocorre uma inundação, todo o edifício pode flutuar, impulsionado pela água da inundação."*
> (Barker e Coutts, 2016)

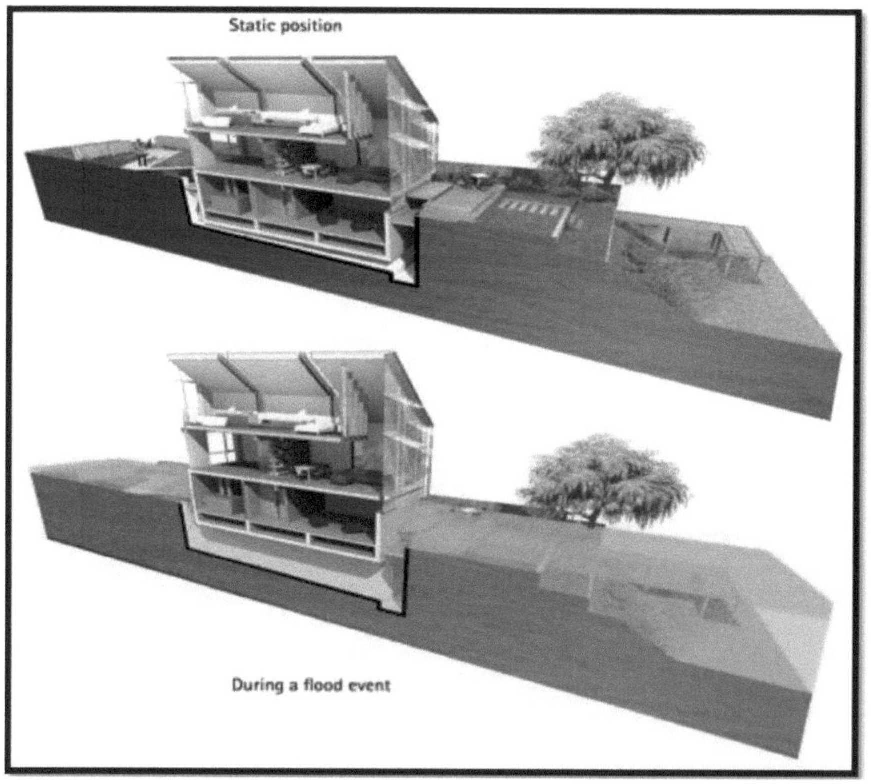

Figura 1 - Transecto através de uma casa anfíbia em posição estática e flutuante (Dezeen, 2014)

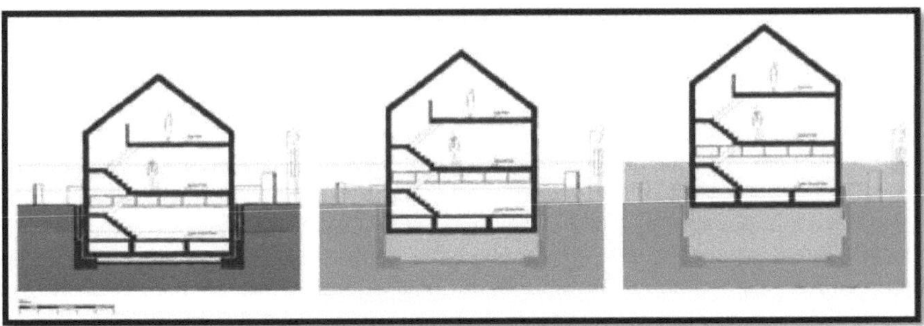

Figura 2 - Demonstração em corte de uma casa anfíbia (Dezeen, 2014)

A arquitetura anfíbia funciona com base no princípio de Arquimedes, que afirma que qualquer objeto imerso num fluido recebe uma força de empuxo ascendente igual ao peso do fluido que o objeto deslocou (Figura 3) (Hamill, 2011).

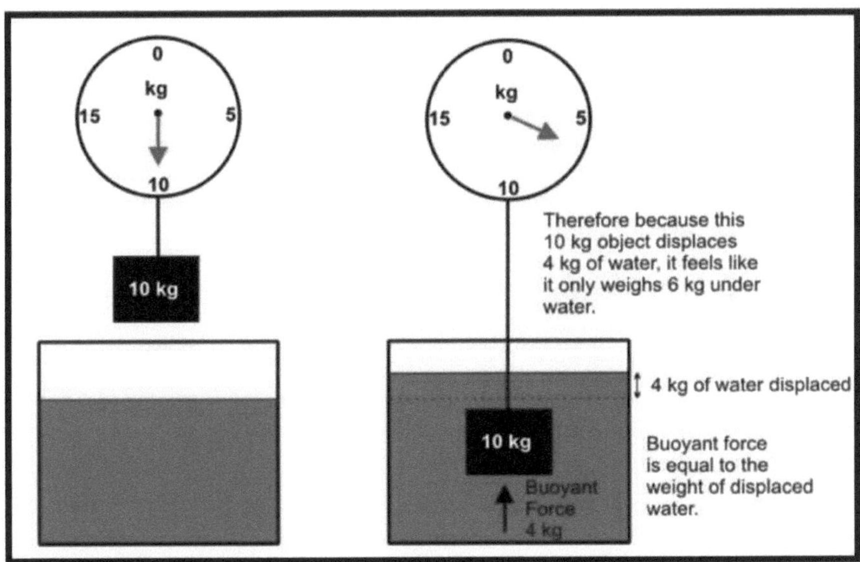

Figura 3 - Princípio de Arquimedes (Universidade de Guelph, n.d.)

English et al. (2016) descrevem a arquitetura anfíbia como uma estratégia não defensiva de mitigação das inundações e de adaptação às alterações climáticas que permite que uma estrutura flutue à superfície da subida das águas das cheias em vez de sucumbir à inundação.

Estudo de caso: A casa anfíbia do Reino Unido

Atualmente, existe apenas uma casa anfíbia no Reino Unido, situada numa pequena ilha no rio Tamisa, no sul de Buckinghamshire (Figura 4). A ilha alberga 15 casas que foram construídas antes da década de 1950 e elevadas a 1 m do solo para proteção contra inundações (Baca Architects, 2001).

Nessa altura, a altura elevada foi construída apenas para proteger contra a norma de 1 em 20 eventos de inundação, o que significa que os edifícios são incapazes de proteger contra os casos mais extremos de inundação que causam danos (Barker e Coutts, 2016).

Depois de analisar o que seria necessário para proteger as casas de um evento de inundação mais grave, de 1 em 100, verificou-se que teriam de ser elevadas mais 1,4 m, o que levaria a elevação total para 2,5 m acima do solo (Barker e Coutts, 2016).

Devido ao facto de a ilha ter sido designada como zona de conservação e de o departamento de planeamento da autoridade local querer preservar a estética da zona, elevar o edifício até este ponto não era uma opção (Barker e Coutts, 2016).

A solução adoptada foi a construção de uma casa anfíbia. A arquitetura anfíbia permitiu que o edifício permanecesse no solo e mantivesse o carácter da área circundante e, em caso de inundação, se elevasse na sua doca para um local seguro.

No entanto, o planeamento da casa tinha muitas restrições e complicações. Em primeiro lugar, a casa tinha de permanecer na área exacta da casa que a precedia. Isto porque um aumento de tamanho poderia ter tido um efeito na deslocação da água durante uma inundação, criando potencialmente novos problemas e riscos noutros locais (Barker e Coutts, 2016).

Como mencionado anteriormente, era importante que a casa anfíbia se mantivesse em harmonia com a envolvente e com os edifícios existentes. Para tal, os materiais utilizados teriam de ser complementares à envolvente, e também o departamento de planeamento da autoridade local declarou que a altura e a escala do edifício não deveriam ser maiores do que os edifícios circundantes, o que, devido ao primeiro ponto, já estava parcialmente resolvido (Barker e Coutts, 2016).

Para reduzir o risco de inundação, foram utilizadas abordagens integradas de paisagem e construção.

No local da casa, o rio é largo e requer uma grande precipitação antes de ocorrer uma inundação. Por este motivo, foram instalados medidores de caudal ao longo do rio para avisar os residentes de um evento de inundação e permitir que se preparem em conformidade, uma vez que quando o local inunda dura um período de tempo prolongado (Barker e Coutts, 2016).

A casa anfíbia também utiliza uma paisagem hidrológica no seu jardim como forma inteligente de alerta e defesa contra inundações. O jardim da margem do rio é escalonado em diferentes níveis para fornecer um aviso visual à medida que o nível da água do rio sobe, tendo cada nível o seu próprio objetivo. O nível inferior do jardim contém juncos, arbustos e outras plantações que actuam como um sistema de filtragem para ajudar a evitar que sedimentos e detritos sejam arrastados e interfiram com o desenho. Acima dos níveis inferiores há um relvado e, acima deste, um terraço, para proporcionar uma área de jardim mais natural (Barker e Coutts, 2016).

A propriedade foi considerada mais cara do que outras soluções de inundação devido à utilização de dois sistemas de fundação diferentes (doca e casco). Apesar deste aspeto negativo, a solução é ideal para áreas de elevado risco de inundação, incerteza dos níveis de inundação futuros e cenários paisagísticos históricos ou sensíveis em que outras soluções de inundação não seriam aplicáveis (Barker e Coutts, 2016).

Figura 4 - A casa anfíbia do Reino Unido (Baca Homes, 2016)

A anatomia da casa anfíbia

As casas anfíbias podem, como todas as casas, variar em termos de conceção, mas para funcionarem como desejado necessitam de determinados elementos.
A figura 5 mostra a casa anfíbia utilizada no Reino Unido e os seus quatro elementos fundamentais:
A. Doca húmida
B. Base flutuante
C. Postos-guia
D. Serviços públicos flexíveis

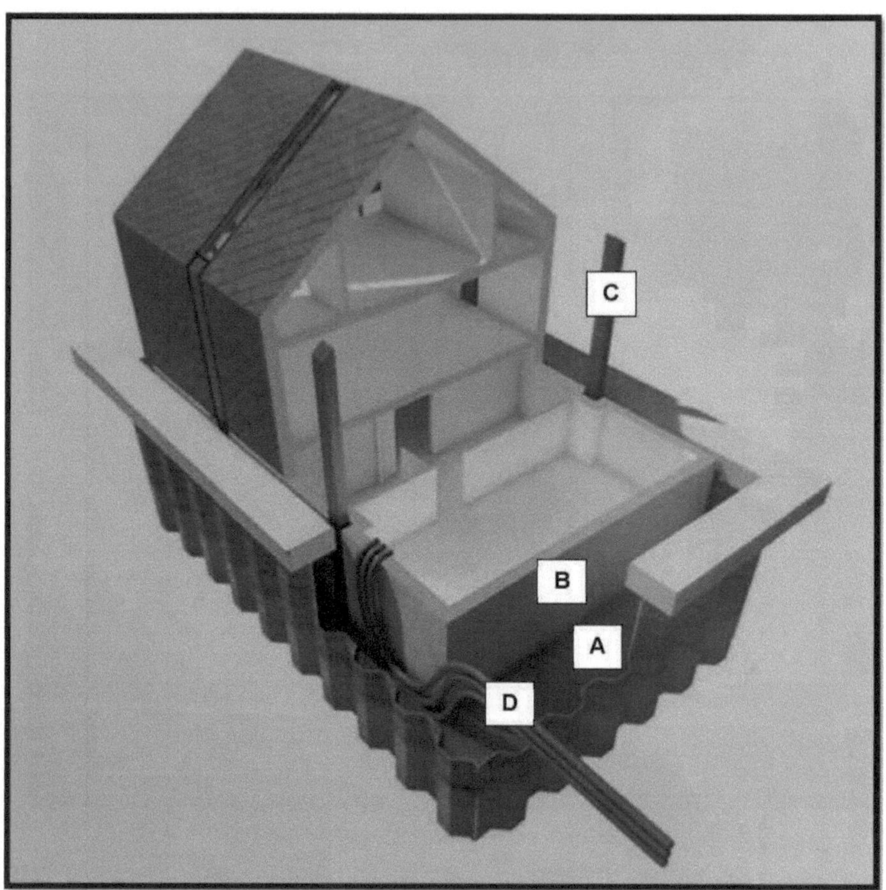

Figura 5 - Anatomia da Casa Anfíbia do Reino Unido (Barker e Coutts, 2016)

A. A doca húmida é um buraco no solo, formado por escavação e sustentado por estacas-pranchas de aço e coberto por uma viga anelar de betão armado para fixar as estacas no lugar (Winston, 2014). A viga anelar de betão também actua como uma forma de controlo de detritos ao ter uma sobreposição na estrutura (Barker e Coutts, 2016). A base da doca é uma laje de betão permeável, que permite a saída natural da água, e que é suportada por estacas de betão. Isto suporta a estrutura do edifício em condições de seca.

B. A base flutuante é, naturalmente, um aspeto fundamental do projeto. É importante que a base seja suficientemente pesada para poder suportar o quadro estrutural, mas também que seja *"suficientemente volumosa e leve em massa para proporcionar flutuabilidade"* (Barker e Coutts, 2016).

C. As casas anfíbias utilizam postes-guia, por vezes designados por "golfinhos" ou "postes de amarração". Estes postes servem de guia para que o edifício suba e desça com o nível da água, mantendo-se firmemente dentro da sua área de implantação.

Para a casa anfíbia do Reino Unido, a habitação utilizou quatro colunas de aço galvanizado com um mecanismo de funcionamento que fixa a casa e os postes-guia, ao passo que as casas de Maasbommel, nos Países Baixos, utilizaram apenas duas. Os postes-guia mantêm a casa estável e nivelada contra a corrente das águas da inundação. Se o edifício tivesse apenas um poste-guia, manter-se-ia no lugar, mas estaria mais sujeito a rotação. Se forem acrescentados mais postes-guia, haverá mais resistência ao movimento.

A altura dos postes-guia é determinada pela diferença prevista entre os níveis de água.

D. Devido ao facto de o edifício poder variar de posição à medida que sobe com o nível da água, são utilizados cabos e tubagens flexíveis e longos para ligar os serviços de utilidade pública entre o edifício anfíbio e a infraestrutura (Nillesen e Singelenberg, 2011).

Embora o objetivo da arquitetura anfíbia seja a proteção contra inundações, é muito provável que passem longos períodos de tempo sem que o edifício precise de flutuar. No entanto, é importante assegurar que, durante estes períodos de inatividade, o edifício possa ser testado e mantido para garantir que, quando ocorrer uma inundação, o edifício funcione como previsto.

A forma mais óbvia de testar isto é bombear água para a doca para simular artificialmente uma inundação.

Estudo de caso: Arquitetura anfíbia nos Países Baixos

Atualmente, os rios dos Países Baixos estão sujeitos a grandes variações de nível de água. Os métodos tradicionais neerlandeses de construção de diques e de construção sobre montes estão agora a ter de ser adaptados, uma vez que se tornam cada vez mais obsoletos com o passar do tempo.

Nillesen e Singelenberg (2011) referem a preocupação crescente com as "alterações climáticas extremas", bem como com as catástrofes meteorológicas como o furacão Katrina, afirmando que estas provocaram uma maior atenção à segurança da água.

"O nível do mar está a subir, a flutuação do nível dos rios está a aumentar e os polders estão a assentar." (Nillesen e Singelenberg, 2011)

(Nillesen e Singelenberg, 2011) também salienta o impacto da urbanização, uma vez que o aumento do revestimento duro através da construção está a levar a uma redução do volume de armazenamento de água nas áreas, levando assim a um maior escoamento superficial e a um aumento dos níveis das águas superficiais.

A arquitetura anfíbia ofereceu-se como uma solução para estas questões nos Países Baixos, nas zonas comuns propensas a inundações, onde o terreno está sujeito a grandes flutuações dos níveis de água, que tendem a ser junto a rios e zonas de alívio de inundações, tais como terrenos designados para atuar como uma bacia ou repositório para o excesso de água para aliviar as inundações (Nillesen e Singelenberg, 2011).

Em 2005, foi desenvolvido um projeto que previa a construção de 20 casas anfíbias em De Gouden Ham, uma bacia hidrográfica recreativa no rio Maas, em Maasbommel (Figura 6) (Nillesen e Singelenberg, 2011).

As casas anfíbias encontram-se no sopé de um dique onde a terra encontra a água. No início do projeto, em 2005, previa-se que as casas flutuariam uma vez em cada cinco anos (Nillesen e Singelenberg, 2011).

Os caixotões de betão que dão flutuabilidade às casas são duplicados para funcionarem também como espaço de armazenamento.
A fim de maximizar a flutuabilidade da estrutura, foi utilizada uma construção em madeira para a tornar o mais leve possível.
Tratando-se de um grande empreendimento constituído por várias casas, as bases dos pontões foram fixadas duas a duas, o que lhe confere uma maior estabilidade. As casas duas a duas utilizam dois postes-guia a uma altura de 4,5 m, que excede largamente os níveis de água previstos, para proporcionar uma segurança extra e garantir que as estruturas se elevam em segurança e não se deslocam com a corrente da água.

Para as ligações de serviços e utilidades de água e eletricidade, os edifícios utilizam ligações flexíveis suficientemente longas para acomodar a altura máxima de 4,5 m.

As ligações de esgotos eram mais difíceis e exigiam a utilização de um triturador que triturava os sólidos antes de entrarem no tubo, para ajudar a manter o tubo flexível (Nillesen e Singelenberg, 2011).

Figura 6 - Habitação anfíbia em Maasbommel, Países Baixos (Universidade de Waterloo, 2017)

Estudo de caso: Nova Orleães e o projeto da Fundação Buoyant

O Buoyant Foundation Project (BFP) foi criado em 2006 pela Professora Elizabeth English e por estudantes do Hurricane Center da Louisiana State University (LSU). O objetivo do projeto era ajudar a apoiar a recuperação de Nova Orleães após a devastação causada pelo furacão Katrina, fornecendo uma estratégia de restauro seguro e sustentável de habitações históricas (Buoyant Foundation Project, n.d.).

A organização sem fins lucrativos centra-se na reabilitação de estruturas existentes, bem como em algumas construções novas, para comunidades de baixos rendimentos em zonas propensas a inundações em todo o mundo (Fenuta, 2010).
Um dos principais desejos do BFP era que, ao reabilitar os edifícios existentes com fundações flutuantes, se mantivesse o carácter dos bairros de Nova Orleães que, de outra forma, seriam prejudicados pela alternativa comum da elevação estática (Figura 7) (English, 2009).

Uma fundação flutuante é um tipo específico de fundação anfíbia, especificamente concebida para ser adaptada a edifícios existentes que já estão elevados do solo e apoiados em pilares curtos (Fenuta, 2010).

Figura 7 - Representação de uma casa de Nova Orleães com uma adaptação anfíbia (Universidade de Waterloo, 2017)

Tal como referido na Anatomia de uma casa anfíbia, a fundação flutuante funciona em conjunto com os postes-guia, de modo a que a estrutura possa flutuar verticalmente para um local seguro, mas não seja deslocada horizontalmente (Fenuta, 2010).
Com estas fundações flutuantes a serem adaptadas, é adicionada uma subestrutura

estrutural para suportar a estrutura do piso do edifício existente, suportar os blocos de flutuação e ligar a estrutura aos postes-guia, como mostra a Figura 8 (English et al, 2016).

Este sistema de fundações flutuantes é muito eficaz na mitigação de inundações em cheias sazonais ligeiras, bem como em cheias graves e catastróficas (English et al, 2016).

English et al. (2016) também afirma que esta não é uma solução mundial, destacando a vulnerabilidade das arquitecturas anfíbias às forças laterais de alta velocidade e ao impacto das ondas.

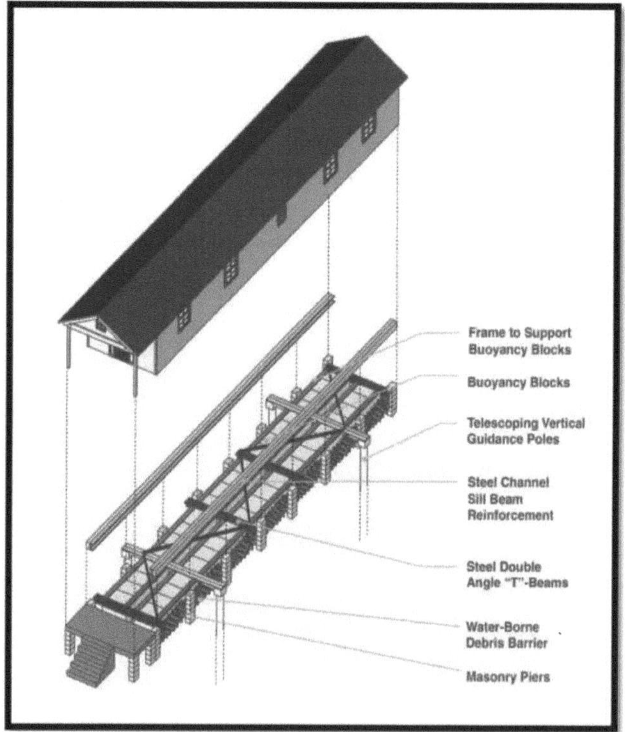

Figura 8 - Sistema de fundação flutuante, axonométrico explodido (Fenuta, 2010)

O BFP analisou a implementação de projectos tanto nos EUA como no Canadá, bem como em comunidades no Bangladesh, Nicarágua e Jamaica.

O BFP mostra-nos que as fundações flutuantes podem ser adaptadas a edifícios existentes e, embora se concentre nas casas de espingarda de Nova Orleães, a utilização deste conhecimento e a sua adaptação às casas do Reino Unido poderia permitir que os edifícios existentes fossem salvos em vez de demolidos e reconstruídos, proporcionando, em última análise, uma grande poupança nos custos.

Estudo de caso: A Casa LIFT, Bangladesh

Prithula Prosun (2011), que cresceu em Daca, viu em primeira mão o impacto que as inundações tiveram na comunidade, deparando-se com *"a grande inundação de 1988 que engoliu 60% do país"*, arrastando *"casas, pessoas e os seus pertences"*.
Com a sua experiência nesta matéria, Prithula Prosun inspirou-se para criar uma solução de habitação resistente às inundações para famílias com baixos rendimentos, a Casa Tecnológica à Prova de Inundações de Baixo Rendimento, ou abreviadamente Casa LIFT. A Casa LIFT é uma solução acessível e resistente às inundações para famílias de baixos rendimentos de Daca, no Bangladesh, que residem em zonas propensas a inundações.

Uma caraterística interessante da LIFT House é o facto de ser constituída por uma coluna de serviço estática, com duas unidades anfíbias flexíveis de cada lado, capazes de flutuar para um local seguro durante as cheias. A coluna de serviço estática foi construída em tijolo e betão, o que proporcionou a cada uma das unidades anfíbias orientação vertical e estabilidade (Figura 9) (The LIFT House, n.d.). A coluna de serviço é também o local onde se encontram as cozinhas, as casas de banho, os tanques de armazenamento de sanitas de compostagem e dois tipos de cisternas de água, ultrapassando a necessidade de serviços de resíduos flexíveis (Prosun, 2011)

Figura 9 - O mecanismo de elevação (LIFTHouse.org, n.d.)

Para que a estrutura fosse flutuante, o edifício tinha de ser leve. O bambu foi escolhido por esta razão, para além de ser versátil, amigo do ambiente, disponível em abundância e barato (Prosun, 2011).

A LIFT House era um protótipo experimental e, por isso, as duas habitações anfíbias utilizaram dois tipos diferentes de fundações flutuantes.
Um deles era feito de um caixão retangular de betão armado, semelhante ao utilizado em Maasbommel e no Reino Unido. O outro, utilizava uma estrutura de bambu, preenchida com garrafas de água de plástico vazias recicladas (Figura 10) (Prosun, 2011).
Esta solução de fundação em bambu foi verdadeiramente inovadora, inspirada na construção de jangadas de sucata, que é comum nas zonas pobres, e uma alternativa simples de montar por voluntários não qualificados (Prosun, 2011).

Figura 10 - *Voluntário a prender cordas para envolver as garrafas de água usadas na preparação para os testes (Prosun, 2011)*

O LIFT House mostra que a arquitetura anfíbia pode ser fornecida de forma acessível, com sistemas integrados para fornecer os seus próprios serviços.

Por que razão é necessária uma arquitetura anfíbia no Reino Unido?

A fim de analisar as razões pelas quais o Reino Unido poderá vir a necessitar de uma arquitetura anfíbia no futuro, a presente secção será dividida em três grandes factores:
- Factores sociais
- Condutores económicos
- Factores ambientais

Factores sociais

Os principais factores sociais identificados que apoiam a utilização potencial da arquitetura anfíbia estão todos ligados a uma questão subjacente, o aumento previsto da população no Reino Unido.

Em 2014, a estimativa intercalar da população (com base nas Lower Super Output Areas, LSOAs) de Inglaterra era de 54,3 milhões, dos quais 9,3 milhões (17%) viviam em zonas rurais e 45,0 milhões (83%) viviam em zonas urbanas (GOV.UK, 2018)

Em outubro de 2017, o Gabinete de Estatísticas Nacionais publicou um estudo que projecta o crescimento da população nacional do Reino Unido, fornecendo uma indicação da futura dimensão do país.

						millions
	2016	2021	2026	2031	2036	2041
UK	65.6	67.6	69.2	70.6	71.8	72.9
England	55.3	57.0	58.5	59.8	60.9	62.0
Wales	3.1	3.2	3.2	3.2	3.3	3.3
Scotland	5.4	5.5	5.6	5.6	5.7	5.7
Northern Ireland	1.9	1.9	1.9	2.0	2.0	2.0

Quadro 1 - População estimada e projectada do Reino Unido e dos países constituintes, de meados de 2016 a meados de 2041 (Office for National Statistics, 2017)

O Quadro 1 mostra o aumento esperado no Reino Unido nos próximos 25 anos, indicando um aumento de cerca de 11%, o que equivale a aproximadamente 7,3 milhões de pessoas. Estes valores devem ser utilizados apenas a título indicativo, uma vez que diferem indubitavelmente da futura evolução real da população. Existem já muitas variáveis que terão tido impacto na fiabilidade dos números - por exemplo, estimativas da população atual e fluxos migratórios passados; os padrões de nascimentos, mortes e migração estão sempre sujeitos a alterações; as alterações políticas e económicas também terão impacto nestes números e, nessa base, esta projeção não tentou prever o impacto do Brexit (Office for National Statistics, 2017).

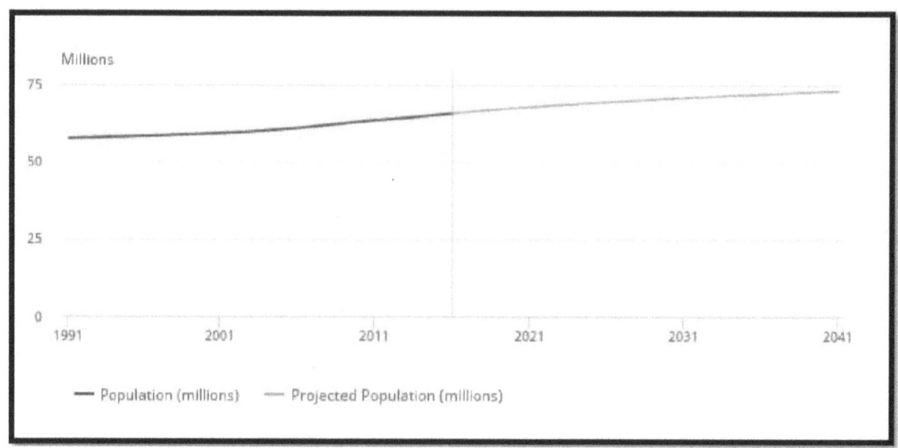

Figura 11 - Estimativas da população do Reino Unido, de meados de 1991 a meados de 2016, e projecções até meados de 2041 (Office for National Statistics, 2017)

A Figura 11 mostra que, embora se preveja que a população aumente em 7,3 milhões, os últimos 25 anos registaram, de facto, um aumento maior da população, de 8,2 milhões. Assim, apesar de a população estar a aumentar, está a aumentar a uma taxa decrescente.

Apesar disso, o resultado final é que, com o aumento previsto da população, muitos problemas virão com ele, que são discutidos abaixo.

Urbanização

Com o aumento da população, há um aumento da construção de estradas, drenos, caminhos, edifícios, todos eles substituindo áreas de superfícies naturais permeáveis por superfícies impermeáveis, o que pode levar a um aumento do escoamento superficial em cinco vezes a quantidade e reduzir a retenção de água em 24 horas em 40% (Figura 12) (Watson e Adams, 2011).

Por este motivo, a urbanização é uma das principais fontes de muitos tipos de inundações, mas principalmente de inundações fluviais e de águas superficiais (pluviais) no Reino Unido (Ofwat, 2011).

As inundações fluviais ocorrem quando a água ultrapassa a margem do rio, fazendo com que a área circundante da margem fique inundada. Porque o escoamento é mais rápido e extremo, ultrapassa a capacidade do rio e não consegue descarregar a água mais rapidamente do que a recebe.

As inundações pluviais estão mais frequentemente associadas à urbanização, uma vez que ocorrem quando a água não consegue ser absorvida pelo solo e pela vegetação e a área não consegue descarregar a água mais rapidamente do que a recebe (Barker e Coutts, 2016)

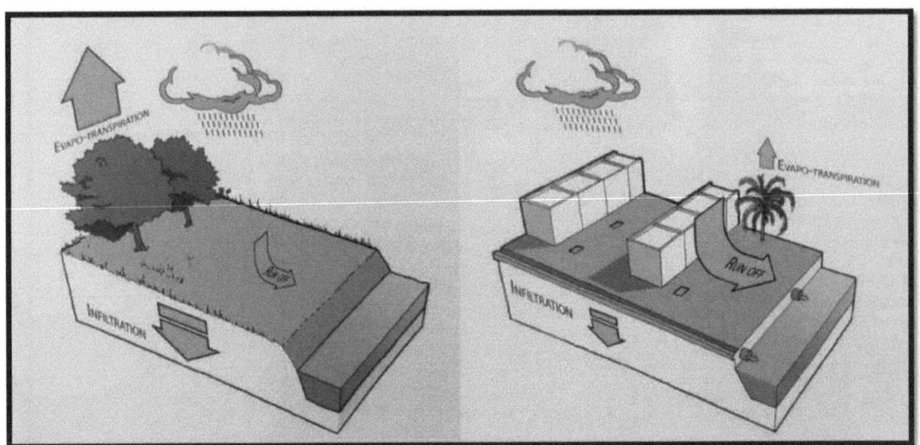

Figura 12 - Antes e depois da urbanização (Barker e Coutts, 2016)

Insegurança

Outro fator que é um motor social devido ao aumento da população é a segurabilidade das casas que estão a ser construídas em zonas de risco de inundação. Em julho de 2013, foi publicado um artigo no The Telegraph (Figura 13) que sublinhava um problema fundamental evidente no Reino Unido: a procura de habitação é tão grande que estão a ser construídas propriedades em zonas onde é muito provável a ocorrência de danos causados por inundações.

The Telegraph

Thousands of homes built against EA advice 'uninsurable'

Figura 13- Manchete do Telegraph sobre a construção de casas não seguráveis (Gray, 2013)

Entre 2008 e 2013, foram construídas cerca de 4.000 casas contra o parecer da Agência do Ambiente e as preocupações relativas às inundações.

Factores económicos

Os factores económicos que apoiam a arquitetura anfíbia são evidentes quando se analisam os dados e relatórios de inundações anteriores no Reino Unido.

Impact	Best estimate £ million	% of total	Possible range £ million	% insured	Basis for estimates	Uncertainty score (see text)
Households (buildings and contents)	1,200	38%	1,010-1,430	76%	Adjusted Insurance estimates	2
Businesses (buildings, contents and disruption)	740	23%	550-800	95%	Adjusted insurance estimates	2
Temporary accommodation	94	3%	85-103	95%	Insurance claims	2
Vehicles (motors)	80	3%	72-88	95%	Adjusted insurance estimates	2
Local Government – infrastructure (excluding roads (£83 million)) and non-emergency services	134 (219 incl roads)	4% (7%)	123-151 (198-242)	45%	Audited accounts of LGAs	1
Emergency services, (LGA, police, fire and rescue)	8	<1%	7-9	45%	Audited accounts of LGAs, police and fire/rescue	1
Environment Agency (23% of costs for emergency)	19	1%	17-21	?	Audited accounts	1
Utilities (electricity, gas, water)	325	10%	253-436	32%	Company accounts, user WTP/A for services	2-3
Communications (roads (including LGA), rail, telecom)	227	7%	151-303	50% Mainly LGA road damage	Company sources, extra travel costs	2-4
Public health and fatalities (including distress, impact on education and fatalities)	287	9%	187-387	n/a	Research Literature, standard estimates, LGA accounts	3-4
Agriculture	50	2%	30-66	5%	Farm survey	2
Unquantified costs;, tourism, nature conservation, community services, Military services	n/a	n/a	n/a			
Total	3,164	100%	2,521-3795	63 %		2 overall

Quadro 2- Custos económicos estimados das inundações do verão de 2007 em Inglaterra (Chatterton et al., 2010)

Damage estimates by impact category

Category	Damage estimates			Uncertainty (relates to the best estimate)
	Best estimate (£ million)	Percentage of total	Possible range (£ million)	
Residential properties	£320	25%	£270–370	Low–moderate
Businesses	£270	21%	£230–310	Low–moderate
Temporary accommodation	£50	3.9%	£42–57	Low–moderate
Motor vehicles, boats, caravans	£37	2.9%	£31–42	Low–moderate
Local authorities and local government infrastructure	£58	4.5%	£49–66	Low–moderate
Emergency services	£3.3	0.26%	£3.3–8.7	Moderate–high
Flood risk management infrastructure and service	£147	12%	£145–148	Low–moderate
Utilities: energy	£0.82	0.06%	£0.63–1.0	Moderate–high
Utilities: water	£29	2.3%	£25–33	Low–moderate
Transport: road	£180	14%	£91–220	Moderate
Transport: rail	£110	9.0%	£93–140	Moderate
Transport: ports	£1.8	0.14%	£1.6–2.1	Moderate
Transport: air	£3.2	0.25%	£2.6–3.9	Moderate
Other communications (telecom)	No data available			
Public health and welfare	£25	1.9%	£25–67	High
Education	£1.6	0.13%	£1.2–2.0	Moderate–high
Agriculture	£19	1.5%	£12–25	Moderate
Wildlife sites	£2.4	0.19%	£1.9–3.0	Moderate
Heritage sites	£7.4	0.59%	£5.6–9.3	Moderate–high
Tourism and recreation	£3.5	0.28%	£2.6–4.4	Moderate–high
Total	£1,300		£1,000–1,500	

Quadro 3 - Estimativa do custo económico da inundação do inverno de 2013 a 2014 (Agência do Ambiente, 2016)

Impact category	Best estimate (£ million)	Low (£ million)	High (£ million)	Uncertainty rating
Residential properties	£350	£308	£392	Medium to low
Businesses	£513	£410	£616	Medium to low
Temporary accommodation	£37	£31	£43	Medium to low
Vehicles, boats, caravans	£36	£31	£41	Medium to low
Local authorities (excluding roads)	£73	£55	£92	Medium to high
Emergency services	£3	£3	£3	Medium to low
Flood management asset and service	£71	£63	£78	Low
Utilities – energy	£83	£75	£91	Low
Utilities – water	£21	£16	£26	Medium to high
Transport – rail	£121	£103	£139	Low
Transport – roads	£220	£165	£275	Medium to high
Agriculture	£7	£6	£8	Medium to low
Health	£43	£32	£54	High
Education	£4	£3	£5	High
Other (wildlife, heritage and tourism)	£19	£13	£25	High
Total	£1.6 billion	£1.3 billion	£1.9 billion	

Quadro 4 - Estimativa do custo económico das inundações de inverno de 2015 a 2016 por categoria de impacto com classificação de incerteza e intervalo de estimativa (preços de 2015) (Agência do Ambiente, 2018)

Os quadros 2, 3 e 4 foram retirados de dois relatórios elaborados pela Agência do Ambiente que avaliam os custos económicos das inundações do verão de 2007 e das inundações do inverno de 2015/16.

A partir do relatório do verão de 2007 (Tabela 2), estima-se que as propriedades residenciais representaram um total de £1,2 mil milhões, o que equivale a 38% dos custos económicos totais. O relatório indica que os danos em propriedades e conteúdos, tanto residenciais como comerciais, são as categorias principais no que respeita à magnitude e gravidade dos impactos (Environment Agency, 2018).
A arquitetura anfíbia, capaz de flutuar para um local seguro, proporcionaria uma proteção acrescida a estas propriedades e aos conteúdos nelas contidos.

O relatório do inverno de 2013/14 (Quadro 3) corrobora os números do relatório do verão de 2007, na medida em que os danos em propriedades residenciais foram a principal despesa para os custos económicos, com um custo estimado de 320 milhões de libras, 25% do total.

O relatório do inverno de 2015/16 estimou que as propriedades residenciais representaram 22% do total, com £350 milhões. A partir da Tabela 4, é evidente que segue o mesmo padrão dos danos causados pelas inundações do verão de 2007 e do inverno de 2013/14, sendo os danos materiais o maior contribuinte para os custos económicos totais (Environment Agency, 2018). No entanto, salientou que os danos materiais às empresas foram mais elevados do que os danos materiais às habitações, o que não tinha sido o caso anteriormente (Environment Agency, 2018).

Este facto realça uma possível lacuna quanto à possibilidade de a arquitetura anfíbia ser empregue como estratégia de atenuação de inundações fora do uso habitacional regular pelo qual é mais conhecida.

Factores ambientais

Alterações climáticas

O principal fator ambiental é o aquecimento global e as alterações climáticas, o que não constitui uma surpresa, uma vez que se apresenta sempre como um problema quando se pensa no futuro e nas inundações.

O aquecimento global aumenta a quantidade de água retida na atmosfera, o que leva a um aumento e a uma maior intensidade da precipitação, resultando num maior escoamento superficial (Barker e Coutts, 2016)

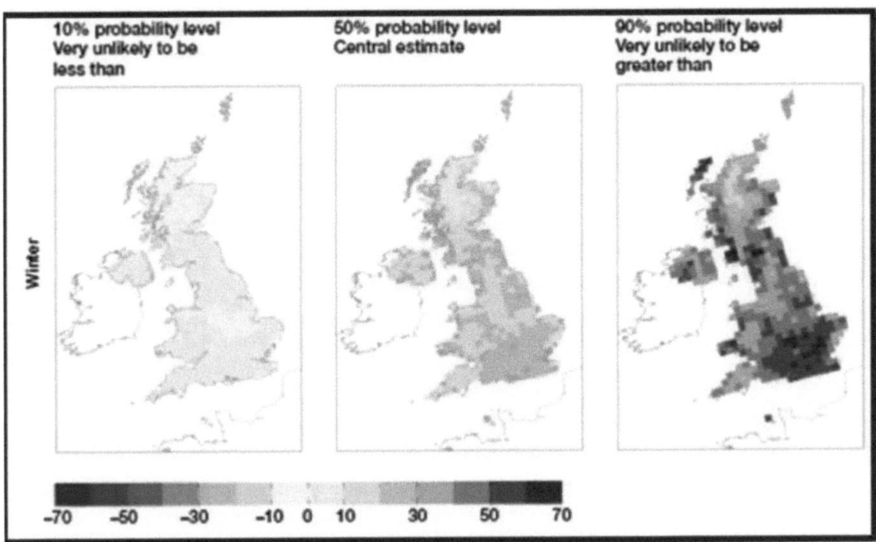

Figura 14 - Projectos climáticos futuros e potenciais alterações na precipitação (Murphy, et al. 2010)

A Figura 14 apresenta as projecções de alterações climáticas futuras, mostrando possíveis alterações na precipitação. A imagem central, sendo uma estimativa central, mostra que se prevê que todo o Reino Unido receba um acréscimo de 10% a 30% na precipitação anual.

Isto contribuirá para um aumento dos caudais dos rios, dos volumes de água, das extensões das cheias e da subida do nível do mar, o que significa que as cheias se tornarão mais extremas e/ou comuns.

A Avaliação dos Riscos de Alterações Climáticas do Reino Unido de 2017 destaca as inundações como um dos principais riscos de alterações climáticas para o Reino Unido (Figura 15) (HM Government, 2017).

Figura 15.- A avaliação do Subcomité de Adaptação dos seis principais domínios de riscos inter-relacionados das alterações climáticas para o Reino Unido (HM Government, 2017)

A avaliação de risco apresenta provas de que as alterações climáticas conduzirão a um aumento da precipitação intensa e a um aumento significativo dos riscos de inundações fluviais e superficiais (HM Government, 2017).
A publicação faz igualmente referência ao risco de subida do nível do mar, que também contribuirá para as inundações nas regiões costeiras.
O documento do governo destaca de forma interessante as principais acções para resolver este problema:
- *Assegurar a existência de estratégias a longo prazo para fazer face aos riscos projectados para as pessoas, as comunidades e os edifícios*
- *Delivering more natural flood management'"* (HM Government, 2017) A arquitetura anfíbia contribui indubitavelmente para estas duas acções, uma vez que pode ser concebida para se elevar até aos níveis de inundação projectados. Além disso, um dos seus principais benefícios é o facto de permitir que a água flua naturalmente e trabalhe com ela em vez de lutar contra ela, cumprindo perfeitamente o segundo ponto.
Um estudo recente realizado pela Universidade de Newcastle, no Reino Unido, analisou as alterações das inundações numa série de cidades europeias utilizando modelos climáticos. O estudo salientou que as alterações climáticas contribuirão para o aumento das inundações fluviais, com especial ênfase no Reino Unido, afirmando que, mesmo no modelo climático mais otimista, 85% das cidades do Reino Unido com um rio deverão enfrentar um aumento das inundações fluviais (Guerreiro et al., 2018). O Professor Richard

Dawson, que trabalhou no estudo, declarou que *"a investigação destaca a necessidade urgente de conceber e adaptar as nossas cidades para fazer face a estas condições futuras"*.

Proteção das terras

Outro grande fator ambiental identificado é a proteção da cintura verde.
Em janeiro de 2018, o Governo do Reino Unido publicou um documento político intitulado "Um futuro verde: O nosso plano de 25 anos para melhorar o ambiente".
Neste documento, o governo identifica a proteção dos terrenos da cintura verde como uma das suas acções-chave para uma política mais ecológica. Este é um fator ambiental que justifica a utilização da arquitetura anfíbia, uma vez que restringe a extensão das áreas urbanas e edificadas que podem ser expandidas para acomodar a construção de novas habitações.
Para contextualizar, cerca de 11% dos terrenos em Inglaterra estão urbanizados, com novas construções a ocorrerem numa média de 17 000 hectares de terrenos não urbanizados por ano (HM Government, 2018).
Os terrenos da cintura verde representam aproximadamente 12% dos terrenos no Reino Unido e desempenham um papel importante na prevenção da expansão urbana através do processo de planeamento (HM Government, 2018).
O documento também afirma que o padrão para todas as novas construções deve ser construído de forma a melhorar a resistência às inundações e também a adaptar-se mais facilmente a um clima em mudança (HM Government, 2018). Sendo esta a intenção do governo, a razão pela qual o Reino Unido precisa de empregar uma arquitetura anfíbia é ainda mais clara.

Intimamente ligada a esta questão está a proteção das nossas terras agrícolas. O Departamento do Ambiente, Alimentação e Assuntos Rurais (Defra) publicou uma consulta em fevereiro de 2018, semelhante à anterior, mas inteiramente centrada na política alimentar e agrícola na sequência do Brexit, intitulada "Saúde e Harmonia: o futuro da alimentação, da agricultura e do ambiente num Brexit Verde".
A saída da União Europeia (UE) proporcionou ao Reino Unido uma oportunidade para reformar a sua agricultura. Durante mais de quarenta anos, a Política Agrícola Comum (PAC) da UE estabeleceu regras estritas que regem a forma como o Reino Unido cultiva a terra, os alimentos que são cultivados e criados e o estado do ambiente natural (Defra, 2018).
O documento afirma que, em resultado disso, o ambiente do Reino Unido se deteriorou, com a produtividade a ser restringida e a saúde pública comprometida (Defra, 2018).
O Defra acredita que, com o Brexit, os agricultores têm a oportunidade de cultivar, vender e exportar mais produtos, com este potencial a dar ao país algo de positivo para utilizar em futuros acordos comerciais.

Para que tal seja possível, as terras agrícolas têm obviamente de ser protegidas e geridas de forma adequada. Isto significa que, mais uma vez, estamos a limitar o local do país onde podemos construir, sendo que a agricultura representa mais de 70% da paisagem do Reino Unido (Defra, 2018). Para além disso, para que as terras agrícolas prosperem, muitas vezes é necessário que as terras sejam inundadas, para que as culturas cresçam eficazmente.

A arquitetura anfíbia apresenta-se como uma solução para este problema.

Com a restrição dos locais onde podemos construir, estamos a ser empurrados para zonas de risco de inundação onde os edifícios normais são vulneráveis. Uma vez que a arquitetura anfíbia permite que a água siga o seu curso natural sem a restringir, permite que a água flua facilmente para as terras agrícolas.

Capítulo 3

Metodologia

A metodologia deste estudo baseou-se, em grande parte, na investigação qualitativa, recolhendo uma série de informações de estudos anteriores, teses, bem como livros e publicações governamentais. Foi realizada alguma investigação quantitativa através da avaliação de números relativos aos custos económicos, às alterações climáticas e ao aumento da população.

Era importante que o objeto de estudo fosse interessante, relevante e tivesse um impacto potencial no futuro da engenharia civil. Um estudo sobre a arquitetura anfíbia preenche todos estes critérios.
Com pouco conhecimento sobre a área, mas um grande interesse, o estudo inicial foi realizado num formato mais leve. A avaliação de informações mais pequenas e mais abrangentes, facilmente acessíveis online, aumentou o interesse e o conhecimento, permitindo a criação de uma estrutura sobre o que este estudo iria abranger. A visualização de vídeos sobre o tema, incluindo um episódio de Grand Designs sobre a primeira casa anfíbia do Reino Unido, também ajudou na investigação inicial.

Com uma investigação inicial concluída, o tema do estudo foi aperfeiçoado e tornado mais específico, limitando-o ao desenvolvimento da arquitetura anfíbia no Reino Unido.
Com isso, surgiram três questões de investigação que o estudo iria abordar:
- O que é a arquitetura anfíbia?
- Por que razão é necessária uma arquitetura anfíbia no Reino Unido?
- Como e onde podem ser implementados no Reino Unido?

A questão "O que é a arquitetura anfíbia" foi amplamente abordada logo no início do estudo. A leitura e a análise de estudos de casos em que a arquitetura anfíbia foi utilizada no passado permitiram aprofundar os conhecimentos adquiridos no início e ajudaram a fornecer orientação e estrutura para um estudo mais aprofundado.

O primeiro passo foi identificar os casos de estudo a utilizar. Uma simples pesquisa na Internet sobre arquitetura anfíbia levou ao sítio Web do projeto da fundação flutuante, que tem uma secção intitulada recursos. Esta secção foi uma grande ajuda, pois fornece ligações para projectos, livros, artigos e teses.

Como o estudo se debruça sobre a arquitetura anfíbia no Reino Unido, a primeira casa anfíbia do Reino Unido no rio Tamisa tornou-se um estudo de caso primário devido à sua relevância acrescida. Muitas das informações relativas a este projeto estavam disponíveis na sua forma mais simples - publicações Web em linha.

A Baca Architects, a organização responsável pela conceção do projeto, forneceu muitas informações sobre este estudo de caso e o livro "Aquatecture", publicado pela RIBA Publishing, abordou o projeto em grande pormenor, discutindo o cenário, a solução, o planeamento e as suas caraterísticas.

No que diz respeito ao trabalho com a água, o Reino Unido não é alheio à aprendizagem com os holandeses, tendo utilizado muitas das tecnologias em que estes foram pioneiros no passado, por exemplo, a drenagem dos Fens. Por este motivo, a investigação sobre a arquitetura anfíbia nos Países Baixos foi um estudo muito útil. O livro "Amphibious Housing in the Netherlands" (Habitação anfíbia nos Países Baixos) forneceu excelentes informações sobre como e porquê a tecnologia é utilizada no país, com destaque para Maasbommel.

Nova Orleães e o Projeto da Fundação Buoyant. O sítio Web da Buoyant Foundation foi utilizado no início do estudo por ser de fácil acesso, com vídeos, artigos, teses e muitos recursos em linha prontamente disponíveis.

A LIFT House em Dhaka, Bangladesh, proporcionou uma visão única da forma como a arquitetura anfíbia pode ser utilizada como uma solução de baixo custo e, embora o estudo de caso possa parecer indiscutivelmente menos relevante para a forma como o Reino Unido utilizaria a arquitetura anfíbia, destacou diferentes caraterísticas e aplicações da tecnologia que não tinham sido demonstradas noutros recursos.

O estudo do "quê" foi efectuado quase inteiramente através de um estudo qualitativo. A utilização da análise GAP ajudou a identificar tanto a informação prontamente disponível como a que necessitava de mais investigação. As referências indicadas nestes documentos ajudaram a identificar outras fontes que seriam aplicáveis ao projeto de investigação.

Ao avaliar a questão "Por que razão é necessária uma arquitetura anfíbia no Reino Unido", a investigação foi realizada com base em três categorias de factores sociais, económicos e ambientais.
A divisão dos motivos em três categorias ajudou a estruturar melhor o estudo, bem como a apresentar uma série de razões. Esta secção foi uma mistura adequada de investigação qualitativa e quantitativa, avaliando uma grande parte da política governamental, bem como projecções e dados de acontecimentos passados.

No que diz respeito aos factores sociais, a urbanização é uma fonte diretamente ligada ao escoamento superficial que, naturalmente, contribui de forma decisiva para as inundações. Como resultado, a investigação procurou a fonte primária de urbanização para obter informações e dados - a população. Os dados destacaram que se prevê um grande aumento da população e, como resultado, é inevitável uma maior urbanização do Reino Unido.

As inundações são conhecidas pela sua natureza destrutiva, pelo que a área de investigação seguinte para os condutores sociais foi a da segurabilidade das propriedades domésticas. A investigação sobre esta questão salientou que o Reino Unido está atualmente a construir propriedades em áreas onde as inundações são inevitáveis e consideradas "não seguráveis".

Depois de analisar muitos estudos de caso, tornou-se evidente que um dos aspectos negativos da arquitetura anfíbia era o custo de construção mais elevado em comparação com os edifícios convencionais. A análise dos custos económicos resultantes de inundações passadas ajudaria a justificar a razão pela qual o pagamento deste custo inicial mais elevado seria, a longo prazo, uma opção rentável.

No que diz respeito aos factores ambientais, ao pesquisar os estudos de caso, verificou-se um tema consistente em que todos eles faziam referência às alterações climáticas e às implicações associadas como um grande fator de motivação para a necessidade de uma arquitetura anfíbia. Consequentemente, procurou-se obter dados relativos às alterações climáticas e ao seu impacto no Reino Unido como prova de apoio.

Para dar maior relevância ao estudo, foi efectuada uma investigação sobre a forma como o Brexit pode ter um efeito nas terras agrícolas do Reino Unido e como isso pode ser uma razão para empregar a tecnologia.

Para identificar "Como e onde" a arquitetura anfíbia poderia ser utilizada no Reino Unido, toda a investigação realizada nas secções "o quê" e "porquê" forneceu informações sobre os locais onde a arquitetura anfíbia prospera como tecnologia em geral, bem como sobre as zonas do Reino Unido vulneráveis ao risco de inundação. Estas conclusões ajudaram a identificar as primeiras zonas do Reino Unido a estudar mais aprofundadamente.

Capítulo 4

Resultados e discussão

Como e onde pode ser implementada a arquitetura anfíbia no Reino Unido?

Através da investigação de vários estudos de casos em que a arquitetura anfíbia foi utilizada anteriormente, tornou-se evidente que a tecnologia prospera em planícies de inundação de baixa altitude, onde os níveis de água sobem gradualmente.

A tecnologia é insuficiente para lidar com as forças laterais, que podem ser sentidas com fortes correntes na água ou através da energia significativa das ondas, uma vez que podem desestabilizar o edifício.

A Figura 16 mostra isto através da codificação por cores da eficácia da arquitetura anfíbia em cenários de baixo, médio e alto risco de inundação. Indica que a arquitetura anfíbia é extremamente eficaz em riscos de inundação baixos e médios e bastante eficaz em riscos de inundação elevados. Isto não quer dizer que a solução não possa ser adoptada em áreas de alto risco de inundação, mas, como referido, tem uma ineficácia na resistência a forças laterais fortes, pelo que a situação precisa de ser avaliada mais atentamente.

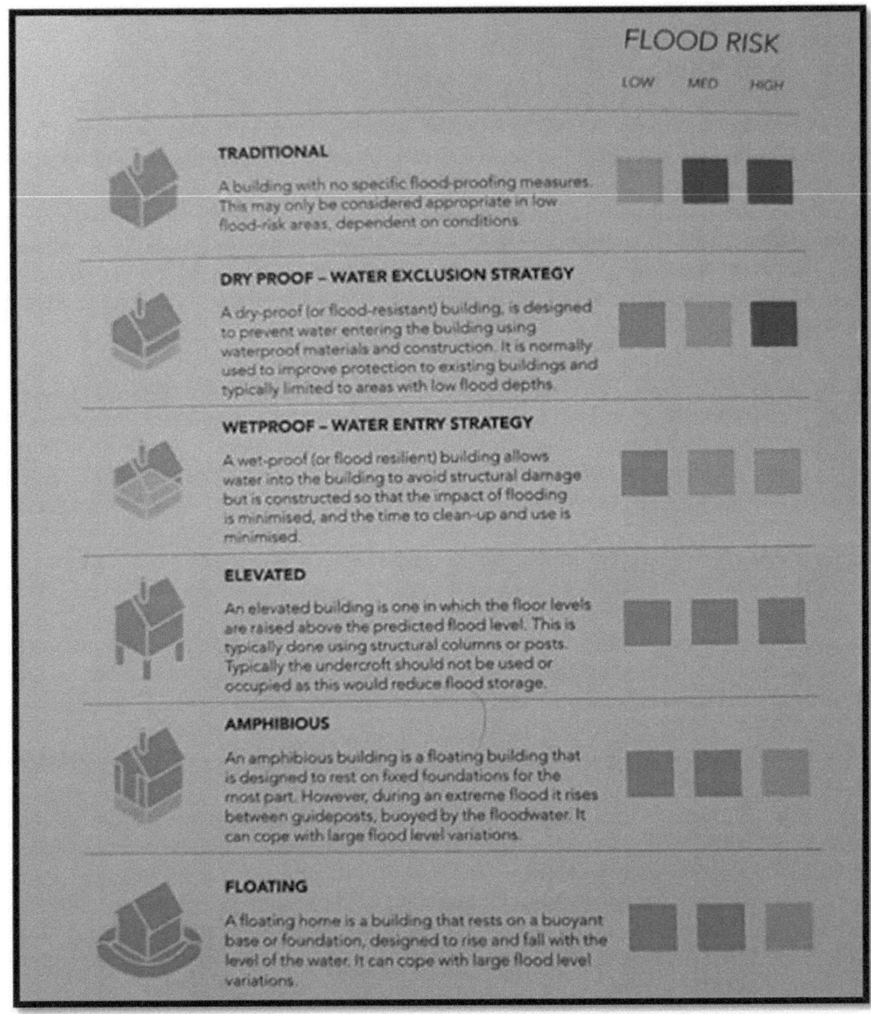

Figura 16- Eficácia da arquitetura anfíbia em diferentes cenários de risco de inundação (Barker e Coutts, 2016)

Dado que a arquitetura anfíbia é extremamente eficaz em planícies de inundação de baixa altitude, onde o nível da água da inundação sobe gradualmente, esta é a categoria principal na seleção dos locais onde a arquitetura anfíbia seria provavelmente introduzida no Reino Unido.

À primeira vista, o Reino Unido oferece uma vasta quantidade de terrenos que não correm um risco significativo de inundação, o que implica que o desenvolvimento futuro não precisa de se preocupar. No entanto, quando se olha para as intenções do governo de proteger tanto quanto possível os terrenos agrícolas e a cintura verde, restringe-se o local onde se pode construir, limitando-o em grande parte às áreas construídas existentes e onde o risco de inundação é proeminente.

Com esta informação, York foi identificada como um local chave onde a arquitetura anfíbia poderia ser utilizada.

Dado que York se situa a jusante da confluência de três grandes rios que drenam dos Yorkshire Dales (Apêndice A) e, consequentemente, em períodos de precipitação prolongada e/ou intensa, o rio Ouse sobe a níveis elevados e transborda pelas margens, afectando as propriedades circundantes (Apêndice B).
York já é propensa a inundações, tendo as inundações do inverno de 2015/16, em particular, causado danos significativos. O Anexo C mostra um exemplo da devastação causada por estas inundações. A ênfase adicional desta imagem é que as casas são construções relativamente novas, sublinhando a tendência do Reino Unido para construir em planícies aluviais.

Devido à natureza da bacia hidrográfica do Ouse, esta será muito sensível aos impactos das alterações climáticas, com o impacto de tempestades mais frequentes e intensas que causam uma maior propagação e inundações regulares, com a precipitação de inverno a aumentar a probabilidade de inundações de grande escala (Agência do Ambiente, 2010). Se considerarmos a faixa verde em torno de York (Anexo D), esta limita qualquer desenvolvimento futuro a ter lugar dentro da área construída já existente, o que é inevitável devido ao aumento previsto da população. O problema é que a maioria dos terrenos não urbanizados nesta área se situa em zonas de risco de inundação (Apêndices E e F), zonas essas que só vão aumentar com as alterações climáticas e a urbanização.
Para qualquer futuro desenvolvimento em grande escala em York, a arquitetura anfíbia tem de ser uma das principais soluções, uma vez que o estilo atual dos edifícios corre inevitavelmente o risco de inundações se forem construídos nesse local.

Carlisle é outra cidade com um historial recente de inundações e tem muitas semelhanças com York.
Tal como York, Carlisle é uma planície aluvial de baixa altitude e tem uma grande bacia hidrográfica que escorre das zonas altas, propensas a chuvas frequentes e fortes. A bacia hidrográfica inclui os Peninos do Norte; o Nordeste da Região dos Lagos, com Ullswater e o Reservatório de Haweswater e duas das montanhas mais altas de Inglaterra, Skiddaw e Helvellyn; e a área de Northumberland em direção aos Cheviots (Anexo G). Como resultado, o rio Eden é propenso a transbordar, com 6.500 pessoas consideradas em risco (Environment Agency, 2009).

Não existem zonas verdes em torno de Carlisle. No entanto, os terrenos para além da área construída existente que não são considerados zonas de risco de inundação estão classificados como agrícolas de grau 3 ou superior (Anexo H), pelo que, para satisfazer as aspirações do governo de aumentar a produção alimentar do Reino Unido, seria aconselhável protegê-los tanto quanto possível.
Estas limitações significam, portanto, que qualquer desenvolvimento futuro significativo que possa ter lugar em Carlisle terá de o fazer dentro das áreas de risco de inundação (Anexo I). Embora se trate de um risco de inundação elevado, a natureza da inundação é a subida gradual do nível da água sem correntes fortes, pelo que a arquitetura anfíbia funcionaria perfeitamente neste caso.
A mensagem principal do Eden Catchment Flood Plan é que, para qualquer desenvolvimento que ocorra em áreas de risco de inundação, a resiliência às inundações

deve ser incorporada nos edifícios, pelo que Carlisle é, sem dúvida, uma área em que a arquitetura anfíbia pode ser aplicada.

Existem muitas zonas no Reino Unido semelhantes às de Carlisle e York onde a arquitetura anfíbia poderia ser aplicada. Estes dois exemplos servem para demonstrar os factores-chave que determinam a forma como a arquitetura anfíbia pode ser utilizada no Reino Unido.

No estado atual, a arquitetura anfíbia não existe realmente no Reino Unido, à exceção do exemplo referido no estudo de caso. Não existe qualquer desenvolvimento residencial à escala comercial e, ao testar a tecnologia nas áreas identificadas acima e em áreas semelhantes, a arquitetura anfíbia tem um lugar para se desenvolver como tecnologia, para que possa tornar-se mais eficaz e, em última análise, ser utilizada em mais locais.
A habitação anfíbia em Maasbommel mostra que, ao construir à escala comercial, com várias propriedades num único projeto, a arquitetura anfíbia pode ser uma solução eficaz, reduzindo simultaneamente o custo por edifício. No projeto, as casas partilhavam postes-guia, o que ajudaria a reduzir os custos.
Barker e Coutts (2016) também discutem esta iniciativa, afirmando que pode ser aplicada ainda mais quando vários edifícios podem ser combinados em bases maiores, o que reduziria o número de docas molhadas, cascos e postes de guia necessários.

A vulnerabilidade da tecnologia às forças laterais é um dos factores que mais limita a utilização da arquitetura anfíbia. Se a tecnologia se desenvolvesse de modo a reforçar a sua capacidade de resistência às forças laterais, poderia permitir uma utilização mais ampla da arquitetura anfíbia, tornando as regiões costeiras mais viáveis.

Neste momento, a arquitetura anfíbia é considerada principalmente como uma solução habitacional, mas, como é evidente nos custos económicos das inundações anteriormente referidos, os danos causados às empresas e ao comércio contribuíram grandemente para o custo total.
As empresas têm frequentemente muito mais a proteger em termos de valor dentro dos seus edifícios. Sempre que possível, a arquitetura anfíbia pode ser utilizada como uma solução para blocos de escritórios, lojas e outras estruturas empresariais, proporcionando-lhes uma abordagem alternativa à recuperação de desastres e à continuidade da atividade

No entanto, dada a natureza das empresas e do comércio retalhista, a carga no interior destes edifícios, devido aos vários conteúdos, pode dificultar a flutuabilidade da estrutura. A solução para este problema poderia consistir em elementos anfíbios/unidades de armazenamento para os edifícios (Anexo J).

À semelhança da LIFT House, a unidade anfíbia seria ligada a uma coluna rígida. Tomando como exemplo um edifício de escritórios, a coluna rígida incluiria objectos baratos e fáceis de recuperar, como salas de reuniões. A unidade anfíbia acolheria infra-estruturas dispendiosas e críticas para a empresa, como os servidores informáticos.

A parte rígida da coluna vertebral do edifício poderia utilizar uma estratégia alternativa de resistência às inundações, como a impermeabilização, de modo a permitir a inundação e a sua fácil limpeza.

Outra utilização para a construção anfíbia no futuro é a implementação em edifícios ou instalações críticas onde as inundações teriam um impacto mais catastrófico, como unidades de cuidados intensivos, serviços energéticos críticos ou serviços de emergência (Barker e Coutts, 2016).

Capítulo 5

Conclusões

O estudo mostra claramente que o Reino Unido tem uma série de razões que sugerem que a arquitetura anfíbia pode ser uma tecnologia fundamental para moldar o futuro do país.
A arquitetura anfíbia apresenta-se como uma estratégia não defensiva de atenuação das inundações e de adaptação às alterações climáticas, bem como uma solução sustentável para as futuras necessidades de habitação, satisfazendo os três pilares da sustentabilidade: social, económico e ambiental.

A arquitetura anfíbia tem sido utilizada em vários locais e situações em todo o mundo, alguns semelhantes à forma como o Reino Unido utilizaria a tecnologia, outros não.
A primeira casa anfíbia do Reino Unido apresenta-se como um excelente modelo de como a arquitetura anfíbia pode ser utilizada no Reino Unido. Situada nas margens do rio Tamisa, a casa apresenta-se como uma casa moderna e discreta que se eleva com o nível da água do rio durante um evento de inundação. As casas vizinhas foram concebidas na década de 1950 como elevações estáticas, que agora, devido às alterações climáticas, estão a tornar-se obsoletas e em risco de inundação. Enquanto os métodos antigos estão sujeitos a desastres, a casa anfíbia eleva-se literalmente acima deles.

As casas anfíbias utilizadas em Maasbommel, nos Países Baixos, também demonstram como o Reino Unido poderia empregar esta tecnologia. O estudo de caso mostrou a arquitetura anfíbia a ser utilizada à escala comercial, com várias casas a serem construídas como parte de um projeto. Tendo em conta que as despesas foram apontadas como um dos aspectos negativos da primeira casa anfíbia do Reino Unido, provou-se que, ao construir a esta escala comercial, as despesas podem ser significativamente reduzidas.

O estudo de caso do projeto Buoyant Foundation mostrou uma forma alternativa de implementar a arquitetura anfíbia através da adaptação de edifícios existentes. Este projeto apresenta uma solução mais económica para os benefícios da arquitetura anfíbia, que pode ser adaptada e aplicada a habitações existentes no Reino Unido, mantendo a integridade da comunidade.

A LIFT House de Dhaka Bangladesh, embora situada num ambiente incrivelmente diferente do do Reino Unido, demonstrou mais uma vez que os princípios da arquitetura anfíbia podem ser aplicados a um preço acessível.

Há um grande número de razões para que o Reino Unido procure empregar a arquitetura anfíbia.
Com as alterações climáticas, há um aumento inevitável do nível do mar e a probabilidade de os níveis dos rios flutuarem. Esta situação colocará sob pressão as actuais estratégias de defesa contra as inundações, ao ponto de estas simplesmente não serem eficazes e acabarem por falhar com consequências catastróficas.

Em vez de obstruir o curso natural da água dos ciclos de inundação, a arquitetura anfíbia trabalha e vive com ela, deixando a água fluir com o edifício a subir para a segurança e a sentar-se no topo.

Prevê-se que a população do Reino Unido aumente significativamente nos próximos 25 anos e, com isso, a pressão de uma maior urbanização, conduzindo a um maior escoamento superficial e a inundações mais frequentes, com maior impacto.
Para além disso, o aumento da população traz consigo uma maior procura de mais habitação. No passado, o Reino Unido construiu propriedades em planícies aluviais que foram consideradas inseguráveis, uma vez que inevitavelmente sofrerão inundações. A arquitetura anfíbia permitiria a construção nesses mesmos locais, com um risco de inundação significativamente reduzido. Por este motivo, é possível que o sector dos seguros também possa fornecer financiamento, como forma de atenuar os pagamentos a longo prazo.

Com a nova política governamental de proteção da faixa verde e um provável aumento da utilização de terrenos agrícolas na sequência do Brexit, estamos limitados aos locais onde podemos construir no Reino Unido, não podemos simplesmente procurar expandir-nos continuamente para fora das áreas urbanas existentes, mas procurar construir dentro delas. Como resultado, a área restante de terrenos não construídos que não se enquadram na faixa verde ou em terrenos agrícolas são terrenos que se encontram em zonas de risco de inundação. Com estas novas políticas, os custos de construção de arquitetura anfíbia no Reino Unido poderiam ser apoiados através de subsídios do governo, uma vez que oferecem uma solução para a atenuação das inundações, ajudando simultaneamente a preservar as zonas verdes e os terrenos agrícolas.

A avaliação do custo económico total de inundações passadas mostra que os principais custos provêm dos danos causados às propriedades residenciais e ao seu conteúdo. A arquitetura anfíbia poupará cumulativamente nos custos económicos ao longo do tempo, à medida que as inundações ocorrem, pelo que quanto mais cedo for implementada, mais rentável será a sua solução.

Com todos estes factores, existe certamente uma procura de uma solução que a arquitetura anfíbia oferece.
Tal como identificado em York e Carlisle, é nas planícies de inundação de baixa altitude que esta tecnologia prosperará no Reino Unido. Existem muitos locais no Reino Unido semelhantes aos de York e Carlisle. Estes são os locais onde a arquitetura anfíbia pode ser implementada agora, para que possa ser testada a uma escala mais pequena e para que lhe seja dada uma via de desenvolvimento.

Como qualquer nova tecnologia, a arquitetura anfíbia deve ser testada no Reino Unido, para que os benefícios possam ser aproveitados e as falhas tratadas de forma eficaz.
Desta forma, a arquitetura anfíbia pode evoluir de modo a tornar-se mais eficaz do que é atualmente, permitindo a sua aplicação em cenários adicionais.

Ao implementar estas casas à escala comercial, onde existe uma série de propriedades, os custos podem ser significativamente reduzidos em comparação com cenários isolados devido a reduções de economias de escala.

Lista de referências

Baca Architects (2001). *Amphibious House Design and Access Statement.* Londres: Baca Architects.

Baca Homes (2016). *A casa anfíbia do Reino Unido.* [imagem] Disponível em: http://bacahomes.co.uk/portfolio/amphibious-house/ [Acedido em 27 Abr. 2018].

Barker, R. e Coutts, R. (2016). *Aquatecture.* 1.ª ed. Newcastle upon Tyne: RIBA Publishing, pp.20-21, 214, 220-232.

Projeto da Fundação Buoyant. (n.d.). *Sobre nós.* [online] Disponível em: http://buoyantfoundation.org/about-us/ [Acedido em 25 Abr. 2018].

Chatterton, J., Viavattene, C., Morris, J., Penning-Rowsell, E. e Tapsell, S. (2010). *The costs of the summer 2007 floods in England [Os custos das inundações do verão de 2007 em Inglaterra].* [pdf] Bristol: Environment Agency,   p.5. Disponível em   : https://www.gov.uk/government/uploads/system/uploads/attachmentdata/file/29119 0/scho1109brja-e-e.pdf [Acedido em 13 Mar. 2018].

Collinsdictionary.com. (2018). *Definição e significado de anfíbio | Collins English Dictionary.* [online] Disponível em   : https://www.collinsdictionary.com/dictionary/english/amphibious [Acedido em 12 Abr. 2018].

Daily Mail (2015). *Inundações em York no inverno de 2015/16.* [imagem] Disponível em: http://www.dailymail.co.uk/news/article-3375754/The-day-York-s-streets-turned- rivers-ancient-city-swallowed-flood-water-people-spirited-response.html [Acedido em 14 Mar. 2018].

Defra (2018). *Saúde e Harmonia: o futuro da alimentação, da agricultura e do ambiente num Brexit Verde.* Londres: Crown Copyright, pp.5, 12, 61.

Dezeen (2014). *Demonstração da secção de uma casa anfíbia.* [imagem] Disponível em: https://www.dezeen.com/2014/10/15/baca-architects-amphibious-house-floating-floodwater/ [Acedido em 14 Mar. 2018].

Dezeen (2014). *Transecto através de uma casa anfíbia em posição estática e flutuada.* [imagem] Disponível em: https://www.dezeen.com/2014/10/15/baca-architects-amphibious-house-floating-floodwater/ [Acedido em 14 Mar. 2018].

English, E. (2009). Fundações anfíbias e o projeto de fundações flutuantes: Estratégias inovadoras para habitações resistentes a inundações. Na *Conferência Internacional sobre Gestão de Inundações Urbanas patrocinada pela UNESCO-IHP e pela Ação COST C* (Vol. 22, pp. 2527).

English, E., Klink, N. e Turner, S. (2016). Prosperar com a água: Desenvolvimentos na arquitetura anfíbia na América do Norte. In E3S Web of Conferences (Vol. 7, p. 13009). EDP Ciências.

Agência do Ambiente (2009). *Eden Catchment Flood Management Plan (Plano de gestão das cheias da bacia hidrográfica do Eden)*. Warrington: Agência do Ambiente, pp.5,   8,   18. Disponível em: https://assets.publishing.service.gov.uk/government/uploads/system/uploads/attach ment data/file/289422/Eden Catchment Flood Management Plan.pdf [Acedido em 23 Abr. 2018].

Agência do Ambiente (2010). *Ouse Catchment Flood Management Plan (Plano de Gestão das Cheias da Bacia Hidrográfica do Ouse)*. Leeds: Agência do Ambiente, pp.5,8-9. Disponível em: https://assets.publishing.service.gov.uk/government/uploads/system/uploads/attach mentdata/file/289228/RiverOuseCatchmentFloodManagementPlan.pdf [Acedido em 14 Mar. 2018].

Agência do Ambiente (2016). *Os custos e impactos das inundações do inverno de 2013 a 2014*. [pdf] Bristol: EnvironmentAgency   , p. 5. Disponível em: https://assets.publishing.service.gov.uk/government/uploads/system/uploads/attach mentdata/file/501784/Thecostsandimpactsofthewinter2013to2014flood s-report.pdf [Acedido em 24 Abr. 2018].

Agência do Ambiente (2018). *Área de risco de inundação de Carlisle*. [imagem] Disponível em: https://flood-warning-information.service.gov.uk/long-term-flood-risk/map [Acedido em 26 Abr. 2018].

Agência do Ambiente (2018). *Estimating the economic costs of the 2015 to 2016 winter floods*   [pdf] Bristol: Agência do Ambiente, p.3. Disponível em: https://www.gov.uk/government/uploads/system/uploads/attachmentdata/file/67208 7/Estimatingtheeconomiccostsofthewinterfloods2015to2016.pdf [Acedido em 11 Mar. 2018].

Agência do Ambiente (2018). *Área de risco de inundação de York com zoom out*. [imagem] Disponível em: https://flood-warning-information.service.gov.uk/long-term-flood-risk/map [Acedido em 26 Abr. 2018].

Agência do Ambiente (2018). *Área de risco de inundação de York com zoom out*. [imagem] Disponível   em: https://flood-waming-information.service.gov.uk/long-term-flood-risk/map [Acedido em 26 Abr. 2018].

Fenuta, E.V. (2010). *Arquitecturas Anfíbias: The Buoyant Foundation Project in Post-Katrina New Orleans* (tese de mestrado, Universidade de Waterloo).

GOV.UK. (2018). *Rural   population2014/15*.   [online] Disponível em: https://www.gov.uk/government/publications/rural-population-and-migration/rural-population-201415 [Acedido em 29 Abr. 2018].

Gray, L. (2013). *Milhares de casas construídas contra o conselho da EA 'não segurável'.* [online] Telegraph.co.uk. Disponível em: https://www.telegraph.co.uk/news/earth/hands-off-our- land/10149300/Thousands-of-homes-built-against-EA-advice-uninsurable.html [Acedido em 12 Mar. 2018].

Guerreiro, S., Dawson, R., Kilsby, C., Lewis, E. e Ford, A. (2018). *Future heatwaves, droughts and floods in 571 European cities.* [pdf] Newcastle upon Tyne: EnvironmentalResearchLetters . Availableat : http://iopscience.iop.org/article/10.1088/1748-9326/aaaad3/pdf [Acedido em 24 Abr. 2018].

Hamill, L. (2011). *Understanding hydraulics.* 3ª ed. Houndmills, Basingstoke: Palgrave Macmillan, p.23.

HM Government (2017). *Avaliação do risco de alterações climáticas do Reino Unido de 2017.* Londres: Crown Copyright, pp.8, 11.

HM Government (2018). *Um futuro verde: O nosso plano de 25 anos para melhorar o ambiente.* London: Crown Copyright, p.35.

LIFTHouse.org (n.d.). *O mecanismo de elevação.* [imagem] Disponível em: http://www.lifthouse.org/ [Acedido em 25 Abr. 2018].

Magic (2018). *Terrenos da cintura verde que rodeiam York.* [imagem] Disponível em: http://www.natureonthemap.naturalengland.org.uk/MagicMap.aspx [Acedido em 29 Abr. 2018].

Murphy, J., Sexton, D., Jenkins, G., et al. (2010). *Relatório científico sobre as projecções climáticas do Reino Unido: Projecções de Alterações Climáticas.* UK Climate Projections.

Nillesen, A. e Singelenberg, J. (2011). *Habitação anfíbia nos Países Baixos.* 1.ª ed. Roterdão: NAi, pp.11, 12, 15, 23, 24, 25, 57, 115.

Instituto Nacional de Estatística. (2017). *Projecções Nacionais da População: 2016-based statisticalbulletin.* [online] Ons.gov.uk. Disponível em: https://www.ons.gov.uk/peoplepopulationandcommunity/populationandmigration/pop ulationprojections/bulletins/nationalpopulationprojections/2016basedstatisticalbulletin [Acedido em 13 Mar. 2018].

Ofwat. (2011). *Impactos futuros nos sistemas de esgotos em Inglaterra e no País de Gales* [pdf] Birmingham: Ofwat. Disponível em: https://www.ofwat.gov.uk/wp-content/uploads/2015/11/rptcom201106mottmacsewer.pdf [Acedido em 24 Abr. 2018].

Prosun, P. (2011). *The LIFT house: an anphibious strategy for sustainable and affordable housing for the urban poor in flood-prone Bangladesh* (tese de mestrado, Universidade de

Waterloo).

A Casa LIFT (n.d.). *Como é que funciona*. [online] Disponível em: http://www.lifthouse.org/how-it-works [Acedido em 25 Abr. 2018].

Universidade de Guelph (n.d.). *Princípio de Arquimedes*. [imagem] Disponível em: http://www.uoguelph.ca/geology/geol2250/glossary/HTML%20files/archimedes.html [Acedido em 13 Mar. 2018].

Universidade de Waterloo (2017). *Habitação anfíbia em Maasbommel, Holanda*. [imagem] Disponível em: https://uwaterloo.ca/water-institute/news/local-solution-global- flooding-problem [Acedido em 27 Abr. 2018].

Universidade de Waterloo (2017). *Renderização de uma casa de Nova Orleães com uma adaptação anfíbia*. [imagem] Disponível em: https://uwaterloo.ca/water-institute/news/local-solution- global-flooding-problem [Acedido em 27 Abr. 2018].

Watson, D. e Adams, M. (2011) *Design for Flooding, Architecture, Landscape and Urban Design for Resilience to Flooding and Climate Change,* New Jersey: John Wiley & Sons, Inc. p.93.

Winston, A. (2014). *A "primeira casa anfíbia" do Reino Unido pode flutuar nas águas das cheias como um barco*. [online] Dezeen. Disponível em: https://www.dezeen.com/2014/10/15/baca-architects- amphibious-house-floating-floodwater/ [Acedido em 14 Abr. 2018].

Apêndices
Apêndice A - Localização e extensão da bacia hidrográfica do Ouse (Agência do Ambiente, 2010)
Apêndice B - Propriedades em risco de inundação na bacia hidrográfica do Ouse (Environment
Agência, 2010)
Apêndice C - Inundações em York no inverno de 2015/16

Apêndice D - Terrenos da cintura verde em redor de York (Magic, 2018)

Apêndice E - Zona de risco de inundação de York ampliada (Agência do Ambiente, 2018)

Apêndice F - Área de risco de inundação de York ampliada (Agência do Ambiente, 2018)

Apêndice G - Propriedades em risco de inundação na bacia hidrográfica do Eden

Apêndice H - Terrenos agrícolas em redor de Carlisle

Apêndice I - Zona de risco de inundação de Carlisle (Agência Ambiental, 2018)

Apêndice A - Localização e extensão da bacia hidrográfica do Ouse (Environment Agency, 2010)

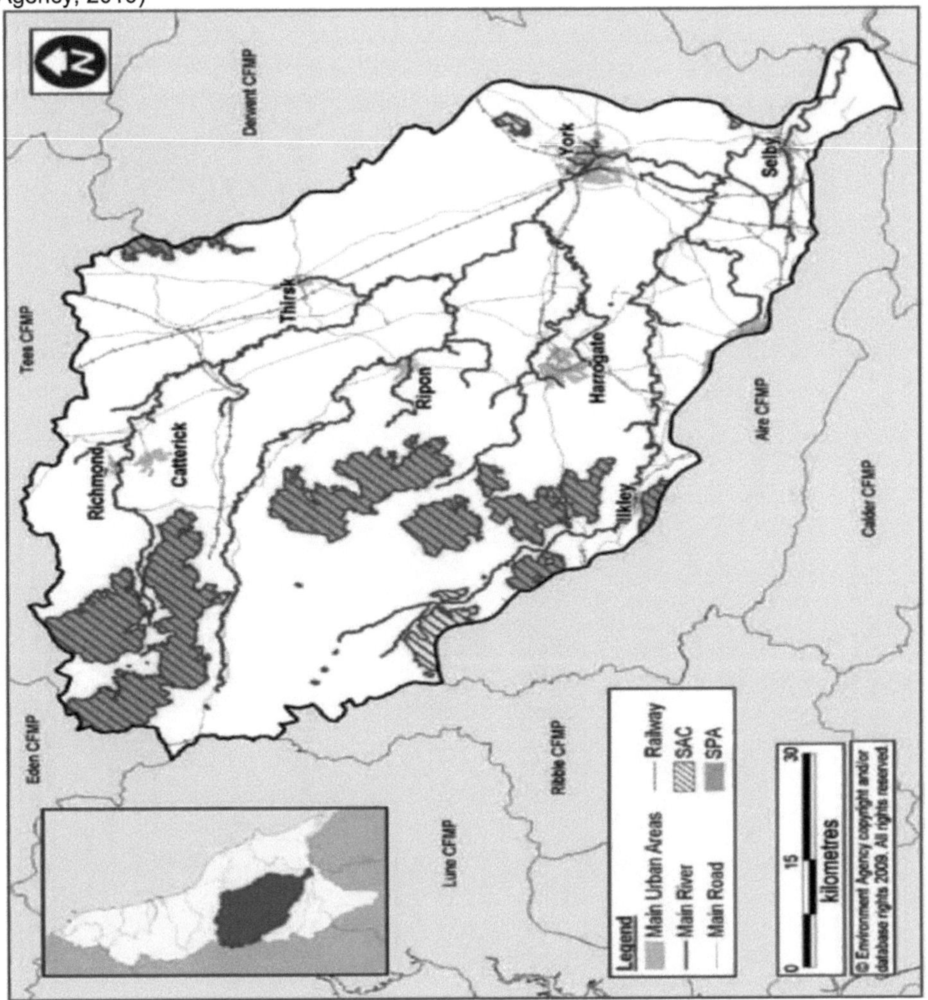

Apêndice B - Propriedades em risco de inundação na bacia hidrográfica do Ouse (Agência do Ambiente, 2010)

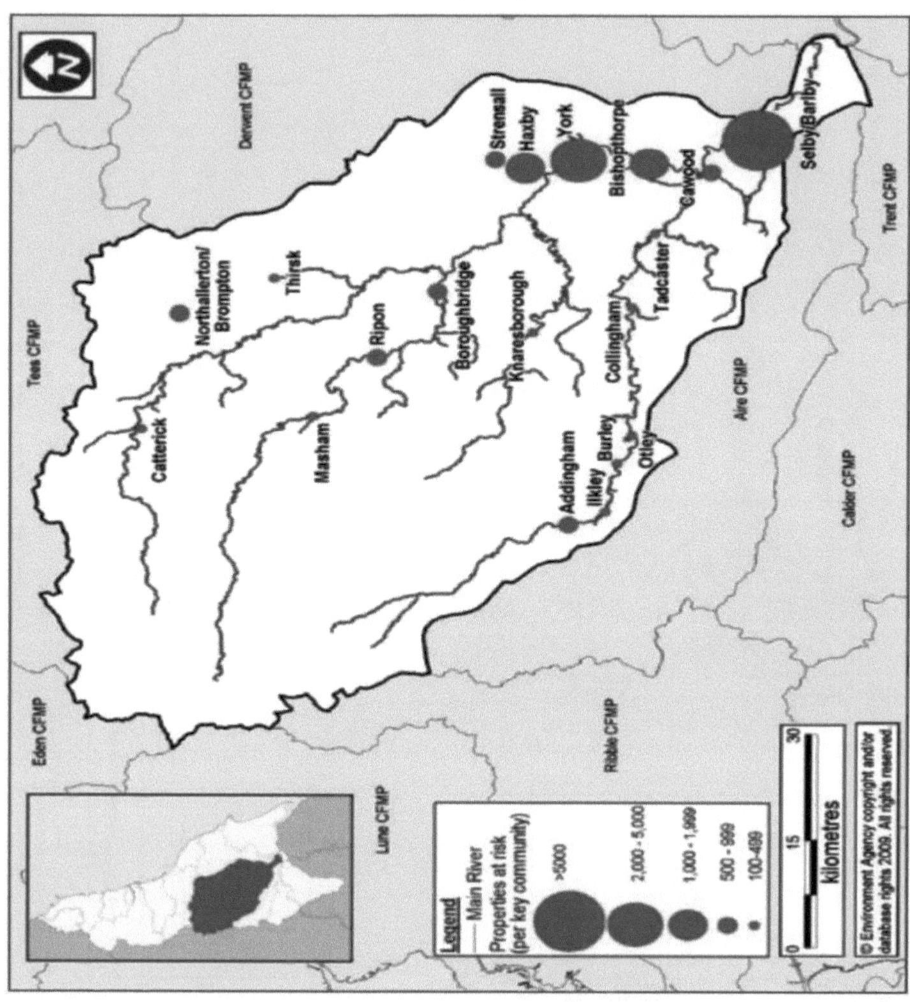

Anexo C - Inundações em York no inverno de 2015/16 (Daily Mail, 2015)

43

Apêndice D - Terrenos da cintura verde em redor de York (Magic, 2018)

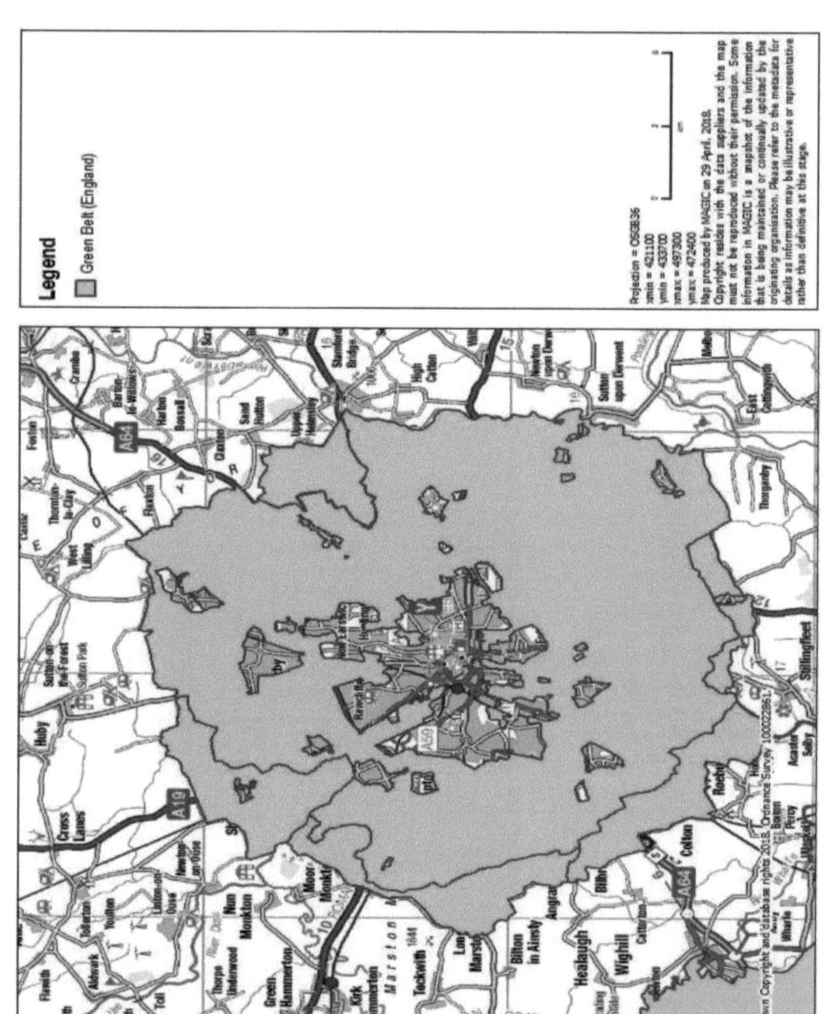

Apêndice E - Zona de risco de inundação de York ampliada (Agência do Ambiente, 2018)

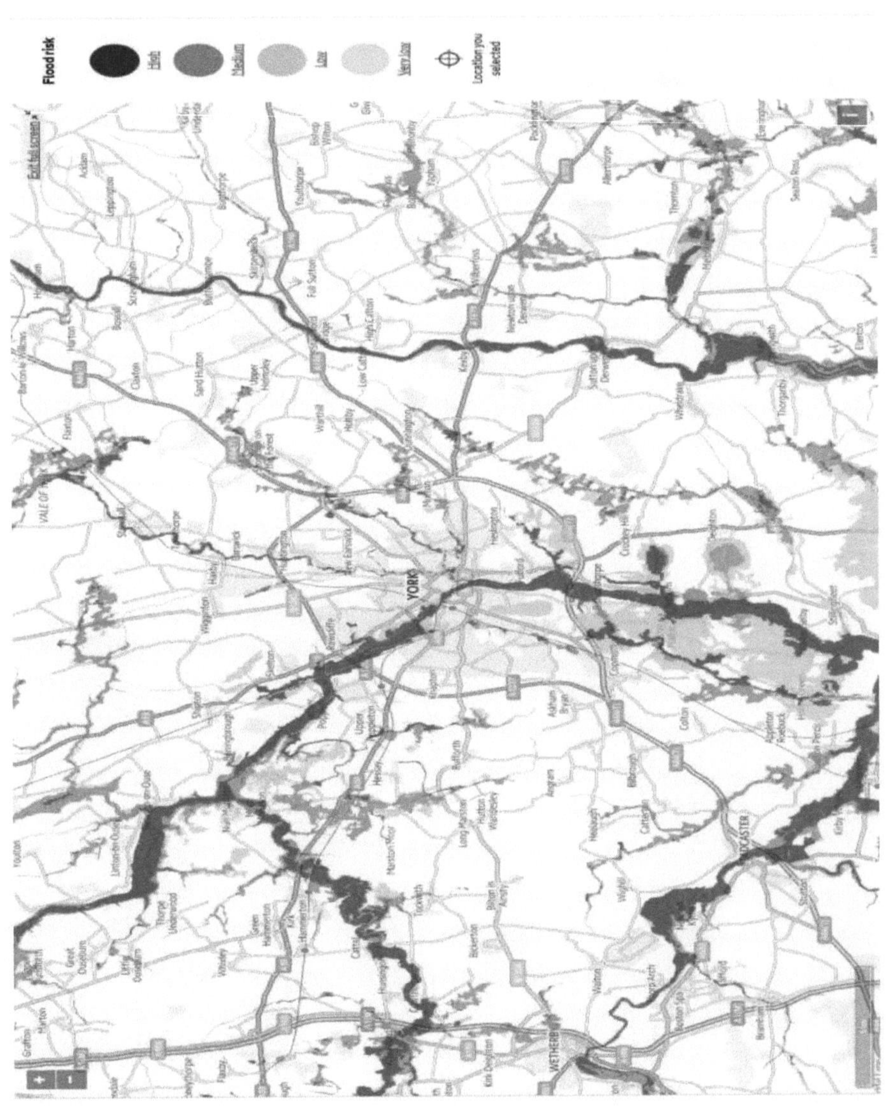

Apêndice F - Área de risco de inundação de York ampliada (Agência do Ambiente, 2018)

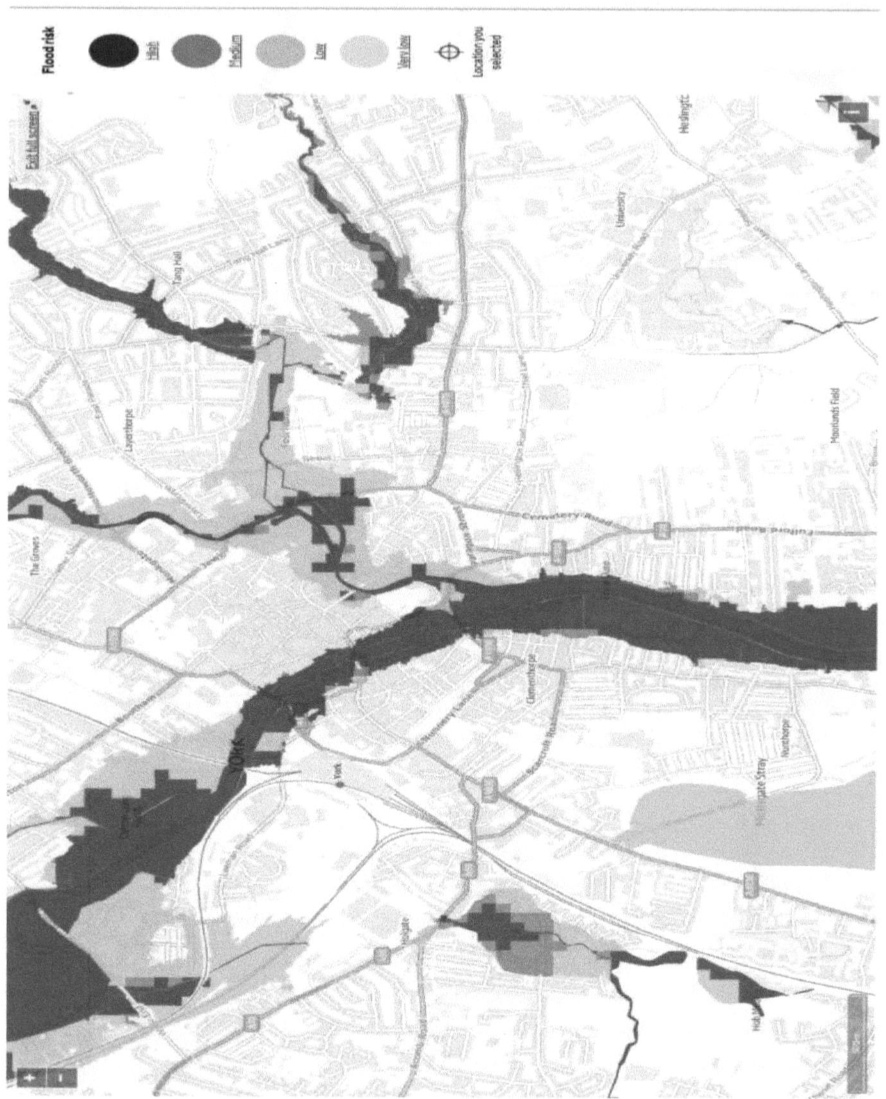

Apêndice G - Propriedades em risco de inundação na bacia hidrográfica do Eden

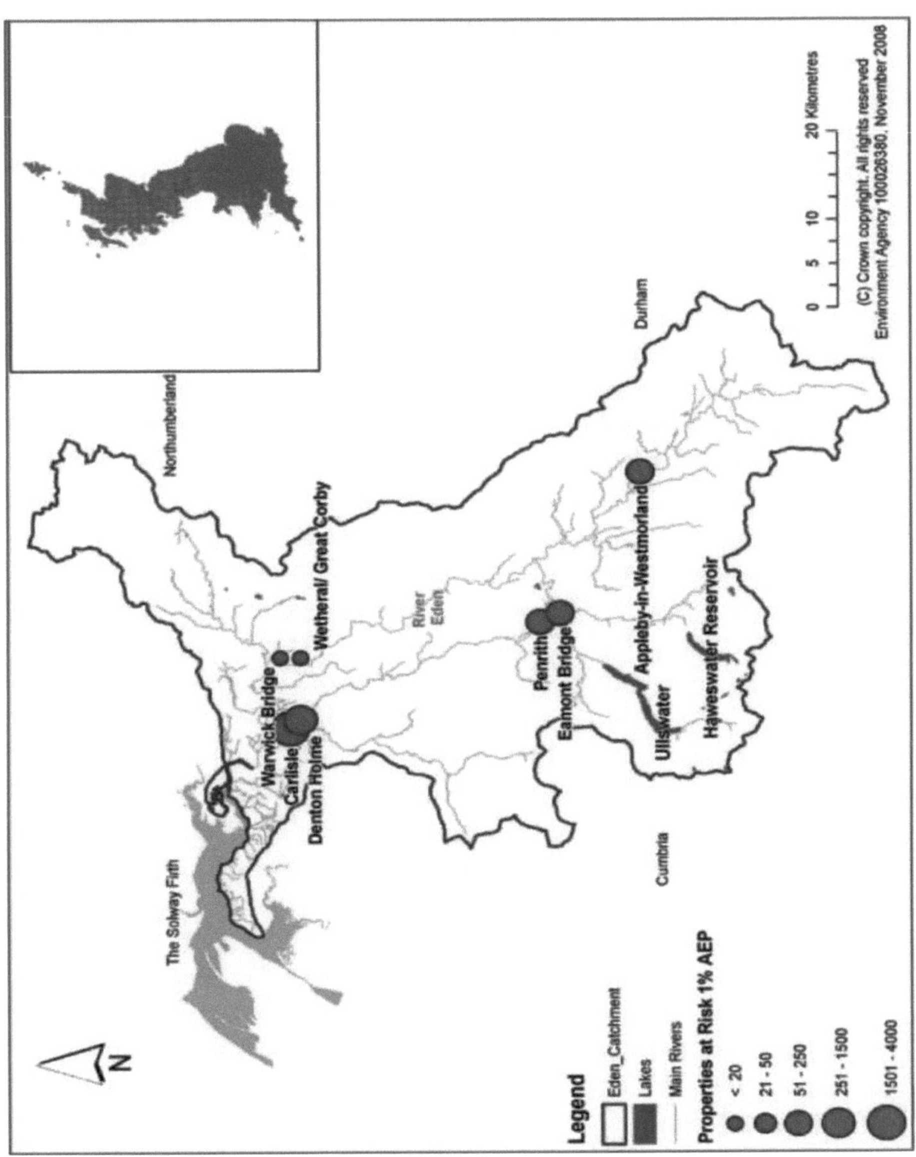

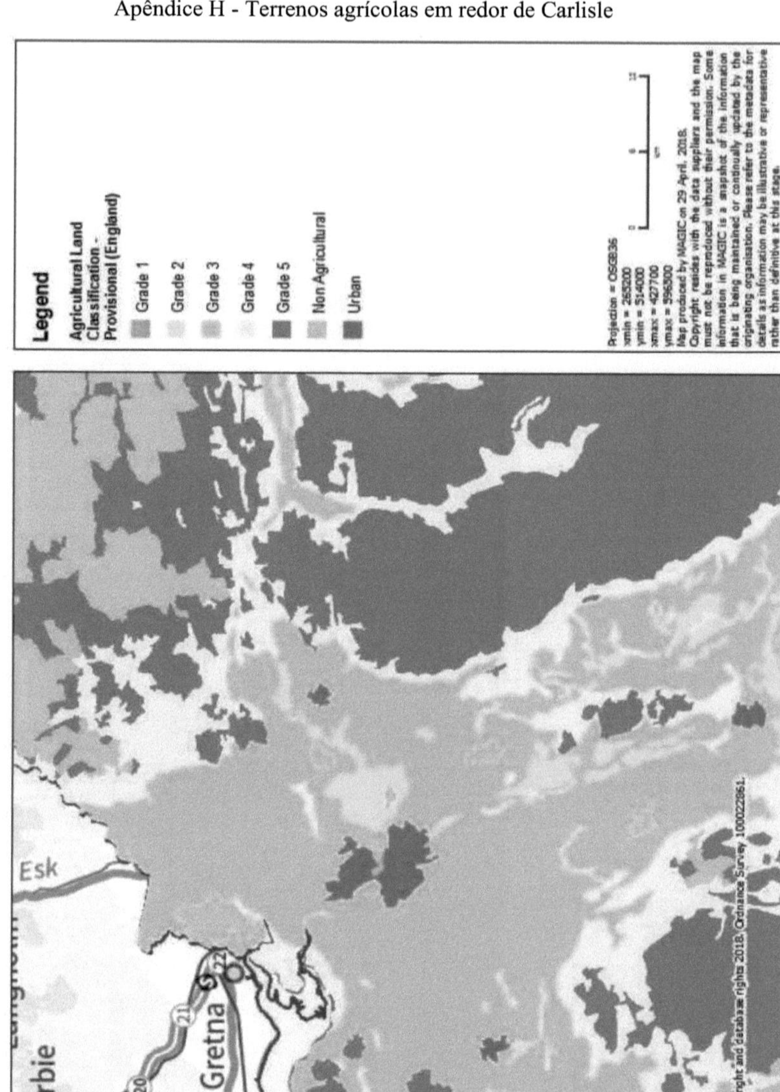
MAGiC
Agricultural land surrounding Carlisle
Lockerbie
Esk
Gretna
Legend
Agricultural Land Classification - Provisional (England)
Grade 1
Grade 2
Grade 3
Grade 4
Grade 5
Non Agricultural
Urban
Projection = OSGB36
xmin = 265200
ymin = 514000
xmax = 427700
ymax = 596300
Map produced by MAGIC on 29 April, 2018.
(c) Crown Copyright and database rights 2018, Ordnance Survey 100022861.

Apêndice I - Zona de risco de inundação de Carlisle (Agência Ambiental, 2018)

Printed by Books on Demand GmbH, Norderstedt / Germany